生气的方法

［日］伊藤拓 著

曹逸冰 译

浙江摄影出版社
全国百佳图书出版单位

SEISHINKAI GA OSHIERU KOKAI SHINAI
OKORI–KATA
by Taku Itoh
Copyright © 2020 Taku Itoh
Simplified Chinese translation copyright © 2023 by
Beijing Fast Reading Culture Media Co. Ltd.
All rights reserved.
Original Japanese language edition published by
Diamond, Inc.
Simplified Chinese translation rights arranged with
Diamond, Inc.
through FORTUNA Co., Ltd.

浙 江 省 版 权 局
著 作 权 合 同 登 记 章
图字：11-2022-375

责任编辑：瞿昌林
特约编辑：周晓晗 王 瑶
责任校对：王君美
责任印制：汪立峰

图书在版编目（CIP）数据

生气的方法 / (日) 伊藤拓著；曹逸冰译. -- 杭州：
浙江摄影出版社，2023.3

ISBN 978-7-5514-4384-5

Ⅰ. ①生… Ⅱ. ①伊… ②曹… Ⅲ. ①情绪－自我控
制－通俗读物 Ⅳ. ①B842.6-49

中国国家版本馆CIP数据核字(2023)第025840号

SHENGQI DE FANGFA

生气的方法

［日］伊藤拓 / 著　　曹逸冰 / 译

全国百佳图书出版单位
浙江摄影出版社出版发行
地址：杭州市体育场路347号
邮编：310006
网址：http://photo.zjcb.com
印刷：天津联城印刷有限公司
开本：880mm×1230mm　1/32
字数：98千
印张：6.5
2023年3月第1版　　2023年3月第1次印刷
ISBN 978-7-5514-4384-5
定价：58.00元

你属于哪种生气类型

→ 了解自己的愤怒倾向

在什么样的情况下会生气，是因人而异的。"生气的最低阈值"和"生气的方式"也存在各种各样的类型。

翻开本书的你，是否了解自己的"生气类型"呢？

其实了解自己的生气类型是非常重要的，这将有助于你妥善处理"生气""愤怒"等这一类的情绪。

从精神医学的角度来看，"生气"可以分成 6 种类型。

请大家先完成下面的自测表，明确自己属于哪种类型。

自测表共有 6 张（A—F）。请认真阅读每一项，勾选符合自身情况的，最后计算每张表共有几个"√"。

CHECK LIST Ⓐ

- ☐ 经常因一时的情绪对别人发火
- ☐ 有时无法解释"自己为什么生气"
- ☐ 一激动就无法思考
- ☐ 喜欢一个人安安静静做事情，不受旁人干扰
- ☐ 不喜欢服从他人
- ☐ 不擅长整理收纳，经常丢三落四
- ☐ 擅长记忆随机排列的数字（如车牌号）
- ☐ 听觉敏感，难以在吵闹的环境下集中注意力
- ☐ 不善言辞，别人搭话时，难以快速作答
- ☐ 对自己感兴趣或擅长的领域有"发烧友"级别的了解
- ☐ 不擅长压抑自我、附和他人，也不擅长与他人统一步调
- ☐ 经常被说"不懂得察言观色""不够机灵"

共有_____个"√"

CHECK LIST B

- ☐ 重视社会常识，希望可以遵循一直以来的规则与传统

- ☐ 有"就应该××""非×× 不可"这样的固有观念

- ☐ 有强烈的正义感，无法容忍错误

- ☐ 遇到观念、价值观与自己不一样的人会觉得不自在

- ☐ 遇到自己认为正确的规则没有被遵守的情况时会很生气

- ☐ 认为公务员和老师是很好的职业选择

- ☐ 会尽可能遵守公司的规定或上司的决定

- ☐ 常被人说"不懂得变通""太顽固"

- ☐ 尊重公司或学校的前辈们

- ☐ 不太愿意购买特价商品

- ☐ 有和家人定期聚餐的习惯

- ☐ 不会将人际关系扩大到必要的范围之外，无论公私

共有_____个"√"

CHECK LIST C

- ☐ 认为只要抬高嗓门发火，对方就会退缩，自己就能占据优势地位
- ☐ 时刻关注对方是敌是友
- ☐ 做什么事情都执着于输赢得失
- ☐ 认为在体育运动中"结果"比什么都重要
- ☐ 内心深处暗藏自卑感
- ☐ 比较讲究学历、职称和家世背景等
- ☐ 在人前容易紧张，不擅长参与讨论和协商
- ☐ 不喜欢被追究责任
- ☐ 觉得自己的父母很强势
- ☐ 重人情，讲义气，总想用恩义束缚他人
- ☐ 绝不想让别人知道自己的弱点
- ☐ 强烈渴望得到他人和社会的认可

共有＿＿＿个"√"

CHECK LIST D

☐ 即便遇到不顺心的事，也不会立即发作，而是一点点积攒怒气

☐ 容易因为琐碎的小事感到沮丧

☐ 动不动就后悔，总是想着"我当初就该那么做的""要是我那么做就好了"

☐ 有韧性，认为努力比什么都重要

☐ 责任感比较强

☐ 不擅长拒绝别人，一不留神就会接下很多工作

☐ 时常觉得"吃亏的总是我"

☐ 遇到问题时，倾向于自责（即便错不在自己）

☐ 想尽可能地避免人际关系上的冲突

☐ 习惯察言观色，介意他人的看法，习惯与他人统一步调

☐ 遇到问题时，常常会失眠，或出现身体不适

☐ 如果工作不顺的状态长期持续，可能会突然辞职

共有＿＿个"√"

CHECK LIST Ⓔ

☐ 即便生气了，也不会感情用事，还是以逻辑和理性为重

☐ 与人争论时，有绝对的信心可以说服对方

☐ 遇到频频犯错的人会感到烦躁

☐ 认为被情绪或情感左右是非常可笑的事情

☐ 认为有时也需要做出冷酷的决策

☐ 认为自己在工作中得罪过别人

☐ 认为自己是一个能够客观看待事物的人

☐ 采取行动前，会先思考并制订策略

☐ 拥有可以长时间独处的专属空间

☐ 经常会被人说"缺乏团队协作精神""不为他人着想"

☐ 一旦下决心和某人对着干，就会彻底置对方于"死地"

☐ 即使与下属或家人意见相左，最后也是自己拿主意

共有＿＿＿个"√"

CHECK LIST F

☐ 疑心病重，动不动就怀疑别人

☐ 哪怕心中有怨气，也不会轻易表露出来

☐ 比较记仇，过去的事情会一直记着

☐ 经常怀疑伴侣有外遇

☐ 遇到问题时，会下意识地认为"都是别人的错""都怪这个社会"

☐ 很自信，认定自己不可能输

☐ 参加考试或体育比赛时，总能坚持到底，不到最后一刻绝不放弃

☐ 自尊心很强，不易接近，很难交到知心朋友

☐ 对他人的拒绝很敏感

☐ 平时性格温和，但会在某种特定的情况下性情骤变，任情绪爆发

☐ 一旦投诉，就会投诉到底

☐ 会在社交平台上匿名发帖，强调自己的观点或攻击他人

共有＿＿＿个"√"

数一数，A—F 这 6 张表中，哪张表上的"√"最多？

请参考正文第 39~40 页，明确自己的"生气类型"。

关于每种类型的特征和表现，详见第 2 章的内容。

前言
为了不因"生气"后悔

大家好，我是一名精神科医生。我的日常工作就是倾听患者诉说自己身心各方面的不适与烦恼，帮助他们缓解各种症状。

不少患者是为了咨询"生气"方面的问题而走进了我的诊室。

"生气害我搞砸了非常重要的人际关系。"

"我不知道该怎么跟下属发火。"

"我特别害怕别人对我动怒。"

……

他们几乎都曾因为生气而有过惨痛的经历，追悔莫及，却又不知道该如何处理自己的怒气。

这些患者往往会问："伊藤医生，怎样才能控制住怒气呢？""有没有什么办法不惹怒别人呢？"

然而，作为精神科医生，我要负责任地告诉大家，其实"生气（愤怒）"这种情绪不能随随便便压制或避免。

愤怒是人类与生俱来的情绪反应之一，我会在后面的章节中做更详细的讲解。人类要保护自己，维持生命活动，就离不开这种情绪反应。虽然不能一概而论，但有时候"积极主动地生气"甚至可以帮助我们明确自己的立场，改变自己的处境，从而摆脱困境。

许多人倾向于给生气贴上消极负面的标签，认为它是一种不应该被表现出来的情绪，认为生气会引发冲突和纷争，令人厌恶。可谁能断言生气所带来的结果就一定是坏的呢？

如果没有生气的必要，大家都和和气气的，那当然是最理想不过的了。可在现实生活中，我们不可避免地要与形形色色的人打交道，就难免会遇到"非得好好发一通火不可"的情况，以及"生气之后反而更有助于建立良性关系"的场合。如果我们在这些情况下还一心想着"压住怒气""尽量别发火"，到头来反而会得不偿失。

因此我建议大家在需要生气的时候适当地表达心中的愤怒，关键是要生对气。

这种看待和处理愤怒的方式在精神医学界与心理学界被称为"愤怒管理（Anger Management）"。简言之，它是一种主动管理生气这种情绪的方法，能够帮助我们在需要生气的时候合理巧妙地生气，同时避免在不需要生气的时候胡乱生气。

愤怒管理的目的不是想方设法不生气。巧妙地管理并运用生气这种情绪，视情况决定是否应该生气，以及如何正确地生气，才是它的真正目的。

我素来认为，巧妙处理生气情绪的能力是人类种种素养中最具价值的一项。看看身边的人就会发现，社会或组织中的"居高位者"往往都具备这种品质。说得更具体一些，能够控制自己的情绪、善于经营人际关系的人，更有可能在社会上赢得尊重和成功。

在该生气的时候生气，在不该生气的时候控制好自己的情绪。只要能掌握其中的诀窍，我们在日常生活中定会变得更加平和。如果能将这些管理情绪的技巧运用到今后的人生中，你也定能离成功与幸福更近一步。

欢迎大家通过本书，和我一起学习生气的方法！

目录

 没有人会无缘无故地生气

如何应对生气这种情绪 003

在虚幻的网络世界发泄现实生活压力的人们 005

学习关于愤怒的知识，也有助于控制怒火 007

生气是不可或缺的一种情绪 009

该生气的时候就生气 011

生气的三大诱因："应该""想要""嫉妒" 013

被"应该如此"困住的人 014

因欲求得不到满足而生气的人 016

被羡慕、嫉妒与憎恨吞噬的人 018

杏仁核产生愤怒，前额叶控制愤怒 020

生不生气取决于大脑内的"拔河"结果 021

大脑一旦退化，人就会变得暴躁易怒 023

"暴躁易怒的人"和"不容易生气的人"的区别 025

环境造就了易怒的人 026

让人易怒的饮食习惯　027

可以防止心生烦躁的营养成分　029

应对生气的 3 个基本步骤　031

STEP 1　保持沉默　032

STEP 2　冷静地分析自己的愤怒　034

STEP 3　行动起来，找到适合自己的"灭火技巧"　035

第 2 章　**了解自己，控制怒气**

明确自己的"生气类型"　039

A 天真幼稚型　042

天真幼稚型的特征和倾向　042

用生气表达走投无路的危机感　044

天真幼稚型控制怒气的方法　045

天真幼稚型释放怒气的方法　047

● 如果对方是"天真幼稚型"　048

B 崇尚秩序型　049

崇尚秩序型的特征和倾向　049

过度强调规则 051

崇尚秩序型控制怒气的方法 053

崇尚秩序型释放怒气的方法 055

● 如果对方是"崇尚秩序型" 057

C 争强好胜型 059

争强好胜型的特征和倾向 059

想以"愤怒"压人一头 061

争强好胜型控制怒气的方法 062

争强好胜型释放怒气的方法 063

● 如果对方是"争强好胜型" 065

D 抑郁倾向型 067

抑郁倾向型的特征和倾向 067

容易满脑子想着"为什么倒霉的总是我" 069

抑郁倾向型控制怒气的方法 071

抑郁倾向型释放怒气的方法 073

● 如果对方是"抑郁倾向型" 075

E 冷静分析型 077

冷静分析型的特征和倾向 077

冷静分析型的典型 078

冷静分析型控制怒气的方法 **080**

冷静分析型释放怒气的方法 **081**

● 如果对方是"冷静分析型" **083**

F 钻牛角尖型 085

钻牛角尖型的特征和倾向 **085**

钻牛角尖型控制怒气的方法 **087**

钻牛角尖型释放怒气的方法 **088**

● 如果对方是"钻牛角尖型" **090**

● 遇到"偏执型人格障碍"的情况怎么办 **092**

第 **3** 章　如何化"生气"为"平常心"

提前掌握不生气的方法 **097**

尝试"自我认知疗法" **099**

1. 认识到自己会让事态变糟的思维模式 **102**

2. 客观看待自己的思维模式 **103**

3. 将修正后的思维习惯付诸行动 **104**

拥抱"不生气的自己" **106**

别把"可是""但是"挂在嘴边　106

不八卦，不说人坏话　108

不要纠结自己无法控制的事情　110

要有主动"驯服"杏仁核的意识　111

调整上网习惯　113

不要在晚上发怒气冲冲的邮件　113

不要深夜在社交平台上发帖　118

在社交平台上将情绪调低两个等级　119

睡前大忌　121

理解男女迥异的生气模式　124

女性的愤怒大多难以快速消除，男性的愤怒则多为冲动　125

男女"不在一个频道"，女性追求共情，男性追求解决问题　127

"爱情激素"和"憎恨"之间微妙的关系　129

为什么吵架时总是女性占上风，男性则沉默不语　130

掌握重拾冷静的方法　132

抬头望天，恢复冷静　133

数会儿数，尝试"小迷信"　134

三十六计，走为上计　135

听一听、看一看能平复心情的东西　135

吃一点甜食　136

提高血清素的分泌量　138

借助"光"调节生活作息　139

早晨散步　142

多吃肉，提升抗压能力　142

为什么女性在冬季容易心情烦躁　143

借助"假笑"纾压　145

通过身体感觉控制怒气　147

慢慢走，慢慢动　147

通过呼吸调节自主神经　148

平复身心的肌肉放松法　149

冷感刺激，提神醒脑　151

舒舒服服泡个澡，泡完立马上床睡觉　152

第4章　生气也讲究技巧

磨炼生气、批评的技巧　157

不可取的生气方式　158

生气的基本原则 160

一定不能在人前发怒吗 162

明确"生气与不生气"的分界线 163

要求对方回忆造成问题的具体言行 164

如何正确传达投诉 165

批评孩子的方式也要与时俱进 166

掌握释放怒气的技巧 168

提前找好适合发牢骚的对象 168

把烦心事统统写出来 169

满足破坏性冲动 170

独自高歌,放声欢唱 171

通过运动挥洒汗水 171

美餐一顿也有意想不到的效果 172

磨炼不激怒他人的技巧 175

容易激怒他人的 6 种类型 176

用恰当的语气和音量说话 179

掌握不会激怒对方的措辞 180

道歉的 4 个技巧 181

结语 184

第 1 章

没有人会
无缘无故地生气

了解生气的机制

如何应对生气这种情绪

生气，是人人皆有的情绪。但这种情绪的表达方式因人而异，并且存在很大的差异性。

有些人生气全表露在脸上，横眉竖眼；有些人哪怕受了委屈也只是忍气吞声，不露声色；有些人习惯对别人大喊大叫，却从不觉得有什么问题；有些人稍微说两句气话就马上后悔，心想"我不应该说那种话的"。

肯定有不少读者会时不时地回忆起因生气而犯下的种种错误，然后告诫自己："以后要尽量少生气。"奈何真碰上了气人的事，想不生气都难。遇到这种情况时，大家都会思考："怎样才能控制自己的情绪，不随便生气发火呢？"但是在某些情况下，我们是非发火不可的。"怎么发火才不至于伤害对方、冒犯他人？"——对此感到迷茫的读者想必也不在少数。

现在的社会环境日趋复杂，无论是对别人发火，还是想办法控制自己的怒气，都不像过去那样简单了。工作中稍微说两句重话，人家就指控你"职场霸凌"；好心提醒一下，对方却突然暴怒……这样的情况比比皆是。

不想生气，可憋着不生气也不是个办法。对此深有同感的读者肯定会有这样的疑问："我越来越不明白该如何处理生气这种情绪了。"

"如何处理生气这种情绪"这个问题其实包含了两个方面——"如何不生气"和"如何正确地生气"。

其实，如果从如何控制情绪这一点来看，这两个方面就好比是硬币的正反面。知道如何正确生气的人必然也懂得如何压制怒火不生气，反之亦然。

另外，大家可能也已经注意到了，愤怒、生气这种情绪产生的社会大环境早已今非昔比。过去，长辈（领导）劈头盖脸地对晚辈（下属）发一通火并不是什么大问题。哪怕在这个过程中有那么一点将自己的观念强加于人的意思，但只要任双方的情绪正面碰撞，彼此敞开心扉，大家终究会相互理解的，当时的社会也确实存在这样的共识。

最典型的例子就是一个大家庭中，严厉的父亲对儿子大吼："你给我站住！听我把话说完……"爸爸的暴怒是一种"为对方着想的行为"，儿子当然也知道爸爸发火是为自己好，因此家长跟孩子大发雷霆并没有什么问题。

奈何如今时代不同了，传统的生气方式已经行不通。

人际关系的理想状态是与时俱进的，表达生气的情绪与压制怒火不生气的方法也会随着时代的变迁而变化。

在虚幻的网络世界发泄现实生活压力的人们

如前所述，今天的我们生活在一个比较敏感的时代，态度稍微不合人意，可能就会被打上各种标签。在这样的大环境下，每个人在与他人相处时都不得不小心谨慎。

在日常生活中，许多人会有意识地避免表达自己的情绪，与他人保持距离，以免惹怒对方，或是在与他人对话时尽可能避免过于深入。

然而，如果我们总是对他人心怀戒备，就会陷入沟通不充分的状态，导致人际关系日渐淡薄，很难构建起深度的关系。而且每天都敢怒不敢言，强压心中的情绪，压力便会日积月累，无处纾解。

今时今日，网络世界正日渐成为人们释放怒火、沮丧和压力等负面情绪的首选之地。特别是在社交平台上，人们可以匿名发帖，这就很容易导致愤懑不平等负面情绪不断升级，甚至发展成不堪入目的谩骂。匿名带来的"安全感"会促使一些人毫不犹豫地攻击、诽谤他人。

甚至有些人在公司表现得老老实实、毫不起眼，到了网上却判若两人，极具攻击性。当然，这只是一个比较极端的例子，大多数使用社交平台的人并不会匿名发帖"喷人"。只不过确实有越来越多的人不在现实世界释放自己的情绪，而是利用互联网来发泄心中的怒火。

于是"如何处理愤怒情绪"就变成了一个越发复杂的问题。

也许我们正活在一个"愤怒情绪暴走于隐蔽之处"的时代。破口大骂、诉诸暴力的人确实变少了，每个人都摆出一副老好人的样子，言外之意就是"我才不会生气"。

可愤怒并不会因此烟消云散，这种情绪依然盘踞在每个人的心中，稍不留神就会在肉眼看不见的隐蔽之处卷土重来。因为我们平时总是刻意压制，将情绪五花大绑，所以一旦挣脱束缚，置身于可以充分释放的场景之下，情绪就很有可能失控。

正因为我们生活在一个难以与愤怒打交道的时代，才更需要学习控制这种情绪的方法，与之和谐共存。

为达到这个目的，我认为这两点非常重要："**了解愤怒的不同类型**"和"**掌握控制怒火的技巧**"。而了解愤怒情绪的形成机制，即了解愤怒是如何在我们心中产生的，能为这两点打下坚实的基础。

学习关于愤怒的知识，也有助于控制怒火

作为一名精神科医生，我可以负责任地告诉大家，对那些正在为"如何应对生气这种情绪"而犯愁的人来说，了解愤怒的形成机制有着巨大的意义。

我们可以通过阅读书籍等方法，**提前了解愤怒情绪的形成机制和原因等。如此一来，即便你火冒三丈，也不至于轻易爆发，甚或发展成暴力倾向，干出摔东西这样恶劣的事情来。**

换言之，哪怕只是掌握一些关于愤怒的知识，也能帮助你少生气、不生气。

　　不过，我不建议大家阅读厚重的专业书籍，而是选择本书这种面向普通读者的科普读物为宜。

　　为什么呢？厚重的专业书籍包含大量的专业术语和理论知识，难免比较晦涩难懂。普通人不是相关领域的专家，当然不可能全部理解吃透。而且一下子接触太复杂的知识，很容易弄巧成拙，反而让自己产生焦虑情绪。

　　这就好比有些病人去医院看病之前会查阅一些专业的医学书籍，而这类书里往往会记载治疗时将会用到的药物所带来的非常罕见的副作用。这方面的知识往往有可能让病人害怕用药。当然，了解一下常见的副作用绝无坏处，可一旦连特别罕见的副作用都知道了，往往只会带来负面效应。

　　因此，看书的大原则是挑选为普通读者编写的通俗读物，而不是专业书籍。

　　想要管理好生气这种情绪，我们首先要了解"生气这种情绪是怎么回事"。下面就让我们从它的特征和机制开始学习吧。

生气是不可或缺的
一种情绪

一言以蔽之，生气、愤怒情绪的作用近似于"报警装置"。它是"危机管理系统"的一部分，有助于动物在严酷的竞争环境中生存下来。人类并不是唯一配备这种报警装置的动物。我们熟悉的猫、狗也是有情绪的，它们生气的时候也会咆哮，甚至龇牙咧嘴、毛发倒竖。这些行为就是危机管理系统触发愤怒报警装置的结果。

大多数时候，警报会在我们身陷危机时响起。遇到对你有敌意的人时，遭到他人的侮辱时，或有人企图伤害你时，你会在潜意识里想："啊，我碰上麻烦了！""我必须想办法摆脱困境！"当你陷入这种压力重重的局面时，报警装置就会被触发，导致怒火涌上心头。

报警装置一旦响起，你的身心就会进入紧急应战的状态，想要摆脱眼下的困境。换句话说，自主神经系统会被切换到"战斗模式"。心率和血流量上升，肾上腺素、去甲肾上腺素和其他使大脑进入攻击状态的激素会大量分泌，让你"蓄势待发"，以摆脱眼前的危机。这其实就是在给身心添柴加火，提升你的战斗等级。

心理学界广泛认为，愤怒情绪是一种非常自然的反应，有助于在危机迫近时自保，提高生存率。

在危险迫在眉睫的紧张情况下，我们基本上只有两种选择："战斗"或"逃跑"。是和带来危险的人对抗，还是离他越远越好？为了保护自己，为了生存下去，我们必须做出选择。

大家不妨观察一下公猫是怎么打架的。起初，双方都会表现得很愤怒，试图在气势上压倒对方。至于下一个阶段，要么是爆发战斗，要么是其中一方撒腿逃跑。动物的这种行为就是典型的"战斗或逃跑"模式，这也充分诠释了愤怒情绪的原始本质。

如果愤怒的报警装置没能正常工作呢？失去愤怒的野兽会很快沦为另一只野兽的猎物，而一个既不战斗又不逃跑，还完全不会生气的人也很可能成为强者的"猎物"。不生气的人往往会受处于强势地位的人摆布。在组织或社会中受尽强者的欺负与利用，换成谁都受不了。

因此，愤怒是人类生存中必不可少的一种情绪。我们甚至可以说，愤怒是人类的生存本能，在有些情况下可以帮助我们活得更好。

只要回归愤怒的本质，便不难认识到，用表情或语言来表达愤怒也并非那么不可取。我们大可不必强压怒火以逃避愤怒这种情绪。**该生气的时候就抬头挺胸堂堂正正地生气**，因为这对我们的生存而言是非常有必要的。

该生气的时候就生气

其实强压怒火会对身体产生种种负面影响。

人体在愤怒时发生的变化大致有如下几种：

- 血压升高
- 心率变快
- 掌心出汗
- 听觉增强，听得更清楚
- 视觉增强，看得更远

总之，生气会对血管、大脑和心脏产生严重的负面影响。

愤怒若能及时得到释放和纾解，人体就会迅速恢复正常。可要是无处释放，强行压制，血管、大脑和心脏就会长时间处于高压状态。

研究显示，如果这种对身体造成负荷的状态反复出现，人的寿命就有可能受到影响。不仅如此，愤怒带来的压力还会降低人体的免疫力，使我们更容易患病。

脾气暴躁、易怒的人尤其需要适当宣泄，否则就会将身体反复置于这种不健康的状态中。

如果你在试图压制怒火时手心冒汗，那就是身体发出的"求救信号"，说明你需要把它发泄出来，而不是憋在心里。

综上所述，强忍怒火显然对身体有害，我建议大家通过某种形式宣泄出来。至于宣泄的具体方法，我会在第2章和第4章中详细介绍。

谁都没有必要强忍怒火，因为最终受伤的还是你自己。

生气的三大诱因：
"应该""想要""嫉妒"

愤怒本质上是人在陷入危机时的自然反应，但人类拥有高度发达的大脑和丰富的情绪，这意味着我们并非只会在与人争吵或遇到麻烦时生气、愤怒。

不满、嫉妒、渴望、孤独、焦虑……人的愤怒会在错综复杂的情绪中、在各种各样的场景下产生。不过只要分析一下"人在什么样的情况下最容易生气"，我们就能总结出几种大概的模式了。

在我看来，生气的诱因可以大致归纳为以下3种：

① "应该这么做""应该是那样的"的预想落空时→"应该（Should）"

② "想要××"的欲望得不到满足时→"想要（Want）"

③ 将自己与他人进行比较，感到羡慕、嫉妒甚或憎恨时→"嫉妒（Envy）"

①中的"应该这么做""应该是那样的"就是英文中的"Should"，②中的"想要 ××"即"Want"，③中提到的羡慕、嫉妒甚或憎恨可以用"Envy"这个英文单词来概括。

也就是说，生气这种情绪往往是由"应该（Should）""想要（Want）"和"嫉妒（Envy）"这三种情感衍生出来的。

那么，人为什么在陷入这三种情况时会特别容易生气呢？接下来，我将分别展开阐述。

被"应该如此"困住的人

先来说说"应该（Should）"。

"应该这么做""应该是那样的"——每个人都有自己的一套行事规则。各位读者在日常生活中肯定也有自己的规则，例如"不应该迟到""应该遵守截止时间""坐地铁时应该保持安静""应该尊老爱幼"……并且大家肯定会尽可能地遵守这些规则。

但问题是，如果有人破坏了对你而言非常重要的规则呢？

你十有八九会产生愤怒的情绪。

暴躁易怒的人尤其倾向于将自己心中的规则视作金科玉律。"我的规则绝对是正确的"——他们对此坚信不疑，因此一旦有人违反，他们就会觉得自己无比重视的东西遭到了蔑视，怒火中烧。

然而，"正确"的标准是因人而异的。

破坏规则的人也有自己的考量或特殊情况。但那些视规则为绝对准则的人往往不会考虑他人的苦衷，也不会听对方解释，上来便是警告或抗议，认定对方是"坏人"，甚至恶语相向。

另外，执着于"应该如此"的人更倾向于将自认为的"常识""社会正义"以及"被大多数人认可的言论"奉为"真理"。他们往往是这么想的："规则就是这样的，大家都觉得应该这么做，所以我一定是对的，任何违反规则的人都是错的！"

在这种所谓的"常识""大道理"与"正义"的支持

下，他们会越发难以容忍轻微的违规行为，从而变得狂妄自大，任由自己的愤怒情绪不断升级。

有时候，他们的愤怒情绪会彻底爆发。"大家都被惹恼了，所以我要代表大家惩罚你！""我要以正义的名义制裁他们！"……网络上的"键盘侠"藏在暗处做出谩骂、诋毁等过激的人身攻击行为的背后，往往就有这种愤怒情绪的影子。

综上所述，如果你长期受到"应该"思维的束缚，满脑子都是"应该这么做""应该是那样的"，就很容易被愤怒情绪影响。

这种类型的人不在少数，我会在之后的章节中展开阐述。

因欲求得不到满足而生气的人

再来看"想要（Want）"。

总是得不到想要的东西，做不了想做的事，去不了想去的地方……生活不如意的时候，人就很容易生气。

举个特别好懂的例子，孩子都会在需求得不到满足时哇哇大哭。也许是没拿到想要的玩具，也许是爱吃的东西被大人收走了，也许是想去外面玩，可大人不让……幼儿对自己的欲望是非常诚实的，当欲求得不到满足时，他们便会毫不掩饰地表达自己的愤怒和不满。

少有成年人会像孩子那样公然哭闹，不过，成年人不哭闹，并不代表他们在需求得不到满足时不会感到烦躁并怨声载道。比如，去餐厅用餐时，如果点的菜迟迟不来，你会不会特别烦躁，找服务员抱怨？为了买想要的东西排了两个小时的队，最后一个却被排在前面的人买走了，遇到这种情况时，你会不会一脸不开心？

如此想来，其实我们在日常生活中经常因为欲求得不到满足而表现出愤怒。

另外，**渴望被他人认可的人往往更容易不满、生气。**"想得到更多的认可""希望大家都承认我的优秀"……他们有强烈的欲求，却无法如愿，心里便会空落落的。

据说近年来有不少人因为在社交平台上发布的照片和文章没人点赞、阅读量上不去而感到沮丧和愤怒，原因就在于他们觉得自己没有得到足够的认可。

如果一个人有强烈的欲求，却没有得到满足，就很容易烦躁、愤怒。

被羡慕、嫉妒与憎恨吞噬的人

最后是"嫉妒（Envy）"。

每个人都有羡慕、嫉妒、憎恨这样的情绪。我们很少公开谈论这些情绪，是因为它们被打上了"不知羞""不该有"的标签，但只要你还生活在人类社会中，产生这些情绪是非常自然的。毕竟我们无法完全独自一人生活，不参与任何团体，而只要周围有其他人，就难免会拿自己与他人比较。

"大家都对他很好，对我却很一般。""邻居好有钱，日子过得那么开心，我们家的日子却过得紧巴巴的，太糟心了。""她的异性缘真好，我却没人理。"……我们会像这样将自己的境遇和他人做比较，如果觉得自己受到的待遇不如别人，或是自己的运气比别人差，就会产生"嫉妒型的愤怒"。

不过，这种类型的愤怒往往是积攒在心里的，不太会以语言或情绪的形式表现出来。但从另一个角度来看，羡慕、嫉妒、憎恨这样的情绪更容易在心中"扎根"。

有些人一旦产生这类情绪，就会长期藏在心里，而不是逐渐淡忘。还有一类人会在遇到摩擦或纠纷时装出一副不在乎的样子，嘴上说着"没事的，我一点儿都不介意，也不会生气"，其实内心深处已是怒浪滔天。这就是"记仇型的愤怒"特别难处理的原因。

然而，拿自己跟别人做比较是人的天性。既然比较是不可避免的，那么我们完全可以说，"嫉妒型的愤怒"永远都不会从我们心中消失。

综上所述，生气的诱因不外乎"应该""想要"和"嫉妒"。

杏仁核产生愤怒，
前额叶控制愤怒

接下来，我们从脑科学的角度来聊聊生气、愤怒的深层机制吧。

你知道生气、愤怒的情绪是在人体的哪个部位产生的吗？答案是大脑内部的杏仁核。

杏仁核是大脑中处理情绪反应（如愤怒、焦虑、厌恶、不快、恐惧和紧张）的部分。尤其是当我们在感受到压力的情况下产生厌恶、憎恨、愤怒、不满、焦虑等负面情绪时，杏仁核就会被这类情绪反应激活，让人陷入被愤怒支配的状态。

一般来说，因为一点点小事就容易生气、暴怒的人，往往都有一个容易亢奋的杏仁核，而杏仁核又有加剧情绪激动的作用。这就意味着最开始的"小火苗"极有可能在杏仁核的作用下发展成不可阻挡的"熊熊大火"。当一个人失去理智，开始大喊大叫、诉诸暴力时，他的杏仁核正处于过度亢奋和失控的状态。

因此，想要控制住怒火，就得抑制杏仁核的亢奋，不让它失控。

生不生气取决于大脑内的"拔河"结果

那么，我们要如何抑制杏仁核的亢奋呢？

其实我们的大脑本身就配备了"抑制器"，那就是大脑前额叶，它是整个大脑的"指挥中心"。

大脑前额叶会根据情况平衡、控制我们的思想和行为，实现只有人类才具备的更高层次的功能，如思考、判断、保持理性、辨别、创造和认知等。其中，保持理性和辨别是抑制愤怒的关键。当杏仁核即将爆发愤怒情绪时，前额叶会做出理性和明智的判断，冷静控制局面，克制情绪，免得把事态闹得不可收拾。

简言之，当杏仁核变得亢奋，人即将暴怒时，负责控制愤怒的前额叶会迅速挺身而出，平息怒火，让杏仁核冷

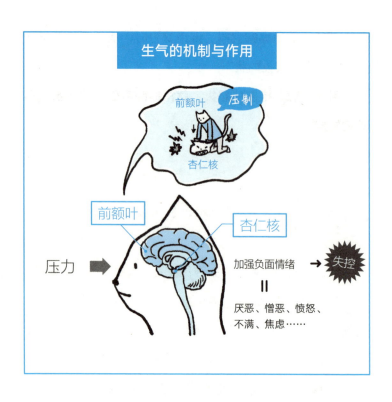

静下来。整个过程好似杏仁核和前额叶在"拔河"一般。

而"要不要生气"，就是拔河的结果。

如果杏仁核占了上风，愤怒就会不断升级。（"混蛋，别瞧不起我！"）

如果前额叶占主导地位，怒气就会渐渐平息。（"算了算了，大家都小声点，都是成年人了，闹大了会很难看，还是冷静下来理智处理吧！"）

因此，想要巧妙地控制住愤怒的情绪，我们必须让前额叶保持良好的状态，确保大脑可以及时做出理性、明智的判断。如此一来，前额叶就能在拔河比赛中胜出，而杏仁核也不至于过度亢奋，致使我们大发雷霆。

大脑一旦退化，人就会变得暴躁易怒

随着年龄的增长，杏仁核在拔河比赛中的优势会越发明显。到了老年阶段，前额叶更是会频频败下阵来，无法压制杏仁核的势头，于是人就会因为一点鸡毛蒜皮的小事而生气。这是因为前额叶的功能会随着年龄的增长而衰退。

年岁一长，大脑就会逐渐萎缩，而这种萎缩就是从前额叶开始的。前额叶的萎缩会导致情绪抑制功能低下，于是，前额叶阻止杏仁核胡作非为的能力也就逐渐下降了。

大家周围肯定也有一些暴躁易怒的老人家。"年轻时性格温厚，善解人意，可年纪越大就越不好相处，最近更是为一点小事就扯着嗓子骂骂咧咧……"这样的情况恐怕并不少见。

上了年纪的人容易暴躁，问题就出在前额叶功能的衰退上。前额叶控制情绪的能力大打折扣，无法再发挥"抑制器"的作用，于是杏仁核便有恃无恐，开始肆意妄为了。

那么，我们应该如何防止前额叶的功能衰退呢？最重要的一点莫过于**平时多用脑**。

当我们不断试错，试图改善眼前的局面时，前额叶会被全面调动起来。比如，维护日常人际关系、控制自己的情绪都是会用到前额叶的健脑活动。

当然，尝试管理自己的愤怒情绪也是一种有效的前额叶训练。因此，我强烈建议大家在日常生活中实践后面章节中介绍的愤怒管理技巧，多多使用前额叶。这将有助于提升大脑的情绪控制能力，即便老了也不容易变得暴躁易怒。

"暴躁易怒的人"和
"不容易生气的人"的区别

　　有些人就像即热式热水壶一样，动不动就迅速"升温"。有些人却总是面露温和的表情，似乎与愤怒、烦躁无缘。

　　"暴躁易怒的人"和"不容易生气的人"之间的区别究竟在哪里呢？

　　首先，一个人是否易怒与他的抗压能力有关。

　　假设我们的大脑中有一个专门存放压力的水桶。水桶大的人对压力的容忍度高，不会因为一点小事就动怒。而水桶小的人对压力的容忍度低，稍微碰上一点压力，情绪就会溢出来。换句话说，水桶小的人更容易被愤怒淹没，因为鸡毛蒜皮的小事而生气。

　　研究显示，这种抗压能力的差异主要是由遗传因素决定的。也就是说，这个存放压力的水桶是大是小都是天生的。

　　也有一种学说认为，水桶的大小（抗压能力）取决于大脑内血清素的分泌量。血清素是一种脑内神经递质，有镇定神经、稳定情绪的作用。想必许多读者都听说过，血清素水平过低会使人更容易患上抑郁症，其实这种物质也与抗压能力以及控制愤怒、焦虑等情绪的能力密切相关。

血清素由一种名叫"血清素转运体"的蛋白质运输。而血清素转运体有三种基因型："大水桶型（可运输大量血清素）""普通水桶型（可运输普通数量的血清素）"和"小水桶型（只能运输少量血清素）"。如果你拥有能携带更多血清素的转运体，抗压能力就会比较强；反之则抗压能力弱，情绪也就更容易失控。

如果你时常因为一点小事就动怒烦躁，那很有可能是因为你遗传了情绪容易溢出来的"小水桶型"基因。

环境造就了易怒的人

虽说遗传是一个重要因素，但这并不是决定一个人是否易怒的唯一因素。

除了遗传之外，一个人出生成长的环境也在很大程度上决定了他是否暴躁易怒。比如小时候经常被父母暴力对待的人，成年后更容易出现暴力倾向。在职场上郁郁不得志、对家庭不满的人也很容易钻牛角尖，总是想着："为什么倒霉的总是我？"一旦在社会生活中产生被边缘化的感觉，人就会自然而然地觉得"凭什么只有我被排除在外"，进而对他人和社会产生不满和愤怒。

经济大环境的影响也不容忽视。近年来，贫富差距仍然存在，许多人在经济层面深陷困境。他们心中肯定也有无处发泄的愤怒和不满。

总而言之，一个人是否易怒，与他出生的家庭、长期生活的环境密切相关。

让人易怒的饮食习惯

饮食习惯的影响也不容忽视。

低蛋白、高糖（碳水化合物）的饮食会造成血糖不稳定，导致情绪不稳定，让人陷入易怒的状态。长期保持这样的饮食习惯，人就会变得暴躁易怒。

就如前文所述，大脑中有一种叫血清素的物质，它与抗压能力、控制愤怒和焦虑情绪的机制密切相关。

有一种蛋白质叫色氨酸，它是生成血清素的关键原料。因此，缺乏蛋白质会引起血清素水平低下，进而导致抑郁和易怒。由此可知，蛋白质摄入量较少的人更有可能暴躁易怒。

肉类含有大量的色氨酸。想要防止暴躁易怒，平时就得多吃富含蛋白质的肉类。但这同时又会带来一个问题，那就是过度摄入色氨酸也有提高坏胆固醇（低密度脂蛋白胆固醇）水平的风险。说到底我们必须均衡膳食，不能光吃肉，也要吃鱼类、蛋类和豆制品等。众所周知，青背鱼富含 ω-3 脂肪酸，有助于增加好胆固醇（高密度脂蛋白胆固醇），预防动脉粥样硬化和心肌梗死等疾病。

在色氨酸合成血清素的过程中，还需要叶酸、铁、烟酸和维生素 B_6 的参与。

同样需要注意的是，过量摄入糖类（碳水化合物）会导致血糖飙升，造成胰岛素过量分泌，引发低血糖的状态，人就会出现心悸、头痛、烦躁、焦虑等症状。

防止血糖剧烈波动的有效方法之一就是少食多餐。研究结果显示，一天只吃一顿饭或两顿饭，会明显加大血糖的波动幅度。

可能会导致糖类摄入过量的食物有白米饭、蛋糕、甜甜圈、果汁和各种面粉制品。享用这些食物前，建议先吃一些富含膳食纤维的蔬菜，这样有助于防止血糖飙升。

研究表明，调整进食顺序可有效抑制血糖上升。最好按"蔬菜→蛋白质→米饭"的顺序用餐。

可以防止心生烦躁的营养成分

可以预防烦躁、抑郁等症状的营养成分包括维生素（维生素 D、维生素 B_1、维生素 B_6、叶酸、维生素 B_{12}）、矿物质（铁）、氨基酸（色氨酸、蛋氨酸、酪氨酸）和脂肪酸（DHA、EPA）。接下来，我会简单介绍一些营养素。

叶酸

缺乏叶酸的人不在少数。

平时不常吃蔬菜、动物肝脏的人需要格外注意。

氨基酸

氨基酸是生成神经递质的原材料中不可或缺的物质。比如，色氨酸是生成血清素和褪黑素的原材料。研究显示，色氨酸水平低下时，抑郁症会出现恶化的倾向。

平时要多吃肉类、鱼类和豆制品，充分摄入色氨酸。

来自鱼类的脂肪酸

金枪鱼、沙丁鱼、青花鱼、秋刀鱼和鳗鱼等富含 DHA 和 EPA。缺乏这些脂肪酸容易出现动脉硬化和心肌梗死，也容易患上抑郁症。

应对生气的 3 个基本步骤

处理生气、愤怒这类情绪时，最需要注意什么？

一句话——切勿冲动。

我相信很多读者都有过因冲动而犯下大错的经历。

无论是在工作中，还是与朋友相处时，在冲动的驱使下大发脾气、大吼大叫都是不可取的，因为这往往意味着一段关系的破裂与结束。

愤怒是一种容易升级的情绪。因为产生愤怒的杏仁核一旦被"点着"，就会越发亢奋，越战越勇。因此我们要尽可能避免杏仁核亢奋失控，导致冲动型愤怒。要充分调动前额叶，冷静评估情况，尽可能以理性和明智的方式加以处理，不让愤怒变得过于激烈。

那我们可以做些什么来压制随时都有可能升级的愤怒，让情绪实现"软着陆"呢？

请大家牢记下列基本步骤。

① **沉默** 把嘴闭上，保持沉默

② **分析** 分析自己的生气类型和模式

③ **行动** 采取有效的"灭火"行动

只要遵循这三个基本步骤，就能平息愤怒。下面是对每一步的具体讲解。

 保持沉默

第一步是沉默。

听到对方咄咄逼人的话语，心头的怒火必然会越烧越旺。当你意识到自己有生气、发怒的苗头时，最好保持沉默，切勿多嘴。

因为这种场合下的话语堪比危险品，很容易对情绪产生刺激，好似投入怒火的木柴。总之，千万不要轻率发言，以免激怒对方或让自己更加生气。

在保持沉默的同时，请有意识地让自己恢复冷静。只

控制愤怒的 3 个步骤

Step 1　沉默
把嘴闭上，保持沉默。

Step 2　分析
分析自己的生气类型和模式。

Step 3　行动
采取有效的"灭火"行动。

要有"保持沉默、恢复冷静"的意识，就能有效防止生气朝着冲动的方向发展。

 ## 冷静地分析自己的愤怒

通过保持沉默逐渐恢复冷静后，就该进行第二步了——分析。说白了，就是我们需要冷静分析"自己为什么会如此生气"，然后进一步分析"什么样的行动最有助于解决当下的问题"。

看到这里，也许会有读者质疑："人在气头上，哪有什么闲心冷静下来分析局势啊！"殊不知，即使你没有这份"闲心"，只要抱有"冷静思考、冷静行动"的意识，就有助于平息冲动和亢奋，防止怒火被点燃。

在这个阶段，我建议大家分析一下自己的"生气类型"。每个人生气时都有独特的倾向和模式。

"我确实很容易在这种情况下生气。"

"听到这种话，我就会忍不住发火。"

如果你能意识到这些倾向和模式，就能提前留意，未雨绸缪。

在我看来，养成分析生气类型和模式的习惯是愤怒管理的基础。想要巧妙地管控生气、愤怒这类情绪，就得先了解自己在生气时的特征和倾向。

归根结底，管理愤怒的第一步是"了解自己"。只要能冷静分析自己的愤怒，就能客观地看待这种情绪，也就不会被一时的情绪左右，而是会开动脑筋，妥善应对。

因此，我强烈建议大家养成冷静分析自己愤怒模式的习惯。

"生气类型"可大致分为6类，我将在下一章中为大家详细讲解。请大家根据卷首自测表的结果，明确自己的生气类型，并以此为指导，养成冷静应对愤怒情绪的习惯。

 ### 行动起来，找到适合自己的"灭火技巧"

第三步是"行动"，也就是采取行动，控制愤怒。

通过上述两个步骤锁定"灭火方法"之后，就可以付诸实践了。

若能提前明确"这么做更容易浇灭心中的怒火"，明确自己专属的灭火技巧，就能非常顺畅地扑灭即将燃起的怒火。

至于具体采取什么行动，这是因人而异的。有些人喜欢深呼吸；有些人则会洗把脸，出去走走，调整一下心情；还有些人是找朋友倒倒苦水。

提前总结出一套立竿见影的"灭火技巧"，就能驯服愤怒，掌控愤怒，而不至于眼睁睁地看着火势扩大。

在第 3 章里，我会推荐一些具体的"灭火技巧"给大家。

我相信，只要在处理愤怒情绪时遵循"沉默→分析→行动"的步骤，就能掌握在各类场景下控制愤怒的能力。

一旦具备这种控制情绪的能力，就能对生气、愤怒的情绪进行有效管理了，比如在不需要生气的时候及时控制住自己，在有必要发火的时候适当地表现出来。

在下一章里，我将为大家详细讲解"分析"环节的关键要素，即"生气的 6 种类型"。请大家牢记这些类型，辨别自己属于哪种情况，妥善处理"生气"这种情绪。

第 **2** 章

了解自己，控制怒气

针对各种生气类型的怒气控制法

明确自己的"生气类型"

知己知彼，才能构筑起良好的人际关系。

同样，这个道理也适用于"生气"。想要与"生气"这种情绪和平共处，首先要了解清楚自己的生气类型。对自己的愤怒倾向和模式了解得越多，就越能提前想好对策。

让我们回到本书开头的自测表部分，在 6 张表中，"√"的数量最多的就是你的生气类型。如果好几张表的"√"数量相同或相差不多，那就说明你同时具备这几种类型的特征，可以都参考一下。

从精神医学的角度出发，我们可以将"生气类型"分成如下 6 大类。

A 的"√"最多 ---> 天真幼稚型 ➡ P042

B 的"√"最多 ---➤ 崇尚秩序型 ➤ P049

C 的"√"最多 ---➤ 争强好胜型 ➤ P059

D 的"√"最多 ---➤ 抑郁倾向型 ➤ P067

E 的"√"最多 ---➤ 冷静分析型 ➤ P077

F 的"√"最多 ---➤ 钻牛角尖型 ➤ P085

在本章中，我们将深度探讨各种生气类型的特点和倾向。在阅读的过程中，各位读者不仅能了解自己的生气类型，还能将身边的人对号入座。

中国古代的兵法大家孙子曾说："知彼知己，百战不殆。"同样，当我们在跟别人"生气"的时候，只要充分了解对方和自己，什么样的愤怒都能掌控。

以下就是对 6 种生气类型的详细讲解。

天真幼稚型

崇尚秩序型

钻牛角尖型

6 种
生气类型

争强好胜型

冷静分析型

抑郁倾向型

Ⓐ 天真幼稚型

→ 不善于处理情绪，容易因小事发脾气

天真幼稚型的特征和倾向

"不懂得变通""不会察言观色"……这种类型的人经常会收到这样的评语。他们不善交际，特别不擅长根据周围的气氛调整言行，也无法与旁人统一步调。在自己擅长的领域，他们表现抢眼，可一旦碰上"自己的做法行不通"的情况，他们就会烦躁焦虑，甚至突然惊慌失措……

生起气来就像一个没长大的小孩，这便是"天真幼稚型"的特点。他们不善于处理自己的情绪，尤其不擅长忍耐或压制自己的怒气。因此稍有些不如意，他们便会大发脾气，根本不顾场合。

同时，他们也很容易受自己情绪的影响，因为一丁点儿不满意就发作也是常有的事。甚至有的时候连他们自己

都不知道为什么生气。

他们经常在冲动的驱使下喊叫或自言自语，不顾周围的情况，尽管他们并没有什么恶意。

这种类型的人也知道自己不善于建立良好的人际关系，这也是他们更喜欢独自行动而不是置身于集体中的关键，这样还能避免时刻迁就别人。他们不太关心自己的打扮与发型，不会主动与人来往，无论公私都是我行我素。

不过一旦涉及自己感兴趣的东西，他们就会表现出"发烧友"式的专注。他们往往在计算机、互联网技术等工科领域能力出众，很容易受到公司的重用。他们倾向于坚持自己的原则和行事方式，但这并不意味着他们无法胜任工作。恰恰相反，他们对自己擅长的、热爱的工作抱有极高的自尊心。

与此同时，他们也有着天真而脆弱的一面。自己擅长的工作一旦遭到否定，他们的自尊心就会受挫，心乱如麻。在某些情况下，他们甚至会把愤怒和沮丧发泄在别人身上，一气之下辞职走人，从此将自己封闭在一个小世界里。

用生气表达走投无路的危机感

下面，我们通过一个具体的例子，来了解一下"天真幼稚型"的特征。

A女士有一个念高中的儿子，他从小就很文静，不太爱说话，喜欢一个人玩游戏，而不是和小伙伴一起玩。他从上小学开始就一直在踢足球，尽管不是球队里的首发队员，但他上高中后还是进了足球队，并且每天都在努力训练。

谁知升入高二后，孩子的学习成绩开始下降。A女士非常担心，便说"别踢球了，好好准备高考吧"，强迫他退出球队。

谁知此事让孩子大受打击，导致他性情大变，简直判若两人。孩子先是开始反抗A女士，经常在课堂上惹是生非。久而久之，他只能辍学，整天待在自己的房间闭门不出，仿佛是在抗议"母亲夺走了他心爱的足球"……渐渐地，他甚至开始对父母破口大骂，拳打脚踢。

这个孩子就是典型的"天真幼稚型"，不善表达自己的感受，在人际关系中表现得非常笨拙。不难想象，足球对他来说是一种重要的沟通手段。但母亲否定了足球的意义，剥夺了他踢足球的机会，这让他困惑不已，不知道该如何与他人相处，在混乱之中走投无路，与周围的人频频发生摩擦。不仅如此，他还认定"自己会沦落到这般田地都是父母的错"，再加上挫折感和沮丧感，导致他最终以暴力的形式来表达心中的愤怒。

自己的特长或倾注心血的事情一旦遭到否定，"天真幼稚型"的人往往会非常生气，深陷沮丧。他们在精神层面往往也不够成熟，缺乏经营人际关系的训练，一旦陷入失去长处的状态，就很容易变得孤立无援。而且他们中的不少人会把"走投无路的危机感"转化为对他人的怒气或是暴力等，借机发泄。

天真幼稚型控制怒气的方法

感到生气的冲动即将涌上心头时，不妨**想一想自己喜欢的东西，先让心情平静下来。**可以是自己收藏的小玩意儿，也可以是家中的宠物。"想一想这个，我就能平静下来"——只要养成习惯，像念咒语一样进行自我暗示，就能有效地控制怒气。

我最想给这种类型的人提的建议就是尽可能远离会产生压力的地方。不喜欢社交场合，就尽量避免参加有大量陌生人的聚会和社交活动。受不了拥挤的车厢和人群，就想办法避开，错峰上下班就是个好办法。

除此之外，这类人应该多和熟悉自己、理解自己的人来往。周遭的环境和人际关系越轻松、越没有压力，就越不可能被逼入绝境，大发脾气。

用玩游戏的思维去"攻略"人际关系也是个好主意。这种类型的人大多爱打游戏，那就**像完成游戏任务一样，开动脑筋制订"如何处理好人际关系"的战略**。例如，如果你想和同事搞好关系，就画出公司里的人员关系图，把同事分成三类——"最好保持距离的人""想要拉拢的人"和"最好建立紧密联系的人"，然后逐一制订对策，在日常工作中付诸实践，逐步"攻略"即可。

像这样，用玩游戏的思维去攻略人际关系，就能客观判断包含自己在内的交际现状，保持冷静，并合理控制情绪。

天真幼稚型释放怒气的方法

这种类型的人可以通过"沉浸在自己的世界里"释放压力。因此，我建议大家**找一个不需要他人配合的兴趣爱好，通过自娱自乐的方式释放压抑在心中的愤怒之情。**比如，不需要他人参与的体育运动，如马拉松、游泳、肌肉锻炼等。要玩网游的话，最好也选择可以单独进行，不需要与他人对战或合作的游戏。

其实这种类型的人往往具有"极客"气质，会对自己感兴趣的东西钻研到底，兴趣爱好也很多。可是就算周围有与他们兴趣相投的人，双方对同一件事的理解程度也往往大不相同，非要分享交流，反而容易造成压力或产生矛盾。

对天真幼稚型的人来说，"孤独"不容易成为压力的源头，这类人也大可不必逼自己出去交际，尽情享受独处的时光就好。

如果对方是"天真幼稚型"

这种类型的人并不好相处，因为他们喜怒无常，经常因为一点儿小事就突然生气。

遇到这种情况时，你最好不要跟他们对着干。要是顶嘴时说错了一句话，就会进一步激怒对方。默默听他们说才是明智之举，哪怕只是装出在听的样子，也同样有效。当然，你也可以悄悄离开，与他们保持距离，让他们的怒气自然消退。

这类人普遍没有耐心，讨厌等待。无论是在工作场合，还是在私生活中，等候的时间一长，他们就会烦躁不已。因此，和他们相处时，请严格守时，千万不要迟到。总结成一句话就是"尽量不让他们等待"。

此外，你还需要留意他们倾向于在什么样的场合生气，不要因为无谓的小事而激怒他们。

Ⓑ 崇尚秩序型

→ 无法容忍无视规则的人

崇尚秩序型的特征和倾向

如前文所述，受困于"应该思维"（"应该××"）的人非常看重规则。规则一旦被他人打破或无视，他们就会感到强烈的愤怒。

由于他们视秩序和规则为绝对准则，认定"××就应该××"，一旦遇到破坏组织或社会秩序的人，他们就会产生这样的念头："那家伙太不像话了！""绝不容许这样的行为！"

"这事一直都是这么办的，没法改！""向来都是按这个流程来的，再麻烦也得遵守！"……你是不是也有这样的观念？崇尚秩序型的人其思维特点就是坚守长久以来的规矩、习惯、规则、规定、社会常识、伦理观和道德观等。

他们会将愤怒的矛头对准那些不守秩序、随随便便偏离既定规则的人。

重视规则、认真踏实并没有错，但如果过度追求规则的统一性，就容易给人一种刻板、压抑的感觉。他们固执而倔强，尤其在涉及自身价值观和信仰时，他们有着不可撼动的自信，认定"××就该××"。他们也不愿意承认自己的错误，不愿意倾听别人的意见。他们中的不少人坚信"遵守秩序的我是百分百正确的""不守秩序的家伙是百分百错误的"，一上来就给是非黑白定了性。

在精神医学领域，这种倾向于将事物分为两个极端（"好或坏""对或错""赢或输""100或0"）的思维模式被称为"黑白思维"。他们无法对黑白之间的灰色地带妥协，不分出个是非黑白就浑身不舒服。

这种黑白思维会让他们更严格地遵守规则，并倾向于否定、排斥不遵守规则的人。在某些情况下，他们甚至会找出违规分子，毫不留情地对其进行抨击。

过度强调规则

崇尚秩序型的人一旦失控，会变成什么样子呢？

如前所述，在网络世界中，尤其是在能够匿名发帖的社交平台上，崇尚秩序型的人喜欢揪出那些"违反规则"或"行为偏离社会常识和伦理"的人，并狠狠抨击。

他们会"人肉"上了新闻的嫌疑人，对在社交平台上发表不当言论的名人进行口诛笔伐，把爆出有外遇的明星骂到体无完肤……他们中的一些人甚至会用不堪入耳的言辞诽谤中伤他人，骂到旁人都看不下去，令人不禁发出感慨："这么说也太过分了吧！"

他们就像一群高度专注的巡视员，时刻监视着周围的人，满脑子都想着："谁在干不道德的事情？！""谁违反了社会的规则？！"一旦发现有人违反了秩序或规则，他们绝不会袖手旁观，对此毫不留情地进行谴责的情况比比皆是。

例如，只要有名人在社交平台上发布了一些无心言行，就会被大批网友打上"轻率"的标签，大加指责。"真是站着说话不腰疼，怎么能说这种话，太欠考虑了……岂有此理！"——在这种念头的驱使下，他们对名人百般声讨。另一个例子就是前面提到过的"键盘侠"。当网络上有热点事件发生时，他们仅凭自己的主观猜测，藏在网络的阴暗处对当事人或旁观者做出谩骂、诋毁等过激的人身攻击行为。

全世界都有这种揪着"违反社会规则的行为""偏离正义道德的行为"不放的人。正如我之前提到的那样，被"××就该××"这一思维束缚的人具有强烈的正义感，倾向于高举"社会正义"和"世间的常识与伦理观"旗帜谴责他人。换句话说，他们大多认为："既然世上的大多数人认为'应该这样做'，那么违反规则的人当然是'邪恶的'，而我才是'正义的化身'。"当然也就会抱着这样的心态去攻击别人。

此外，他们普遍认为违反规则的人理应受到惩罚，所以他们会不断升级攻击力度，以惩戒那些违反规则的"坏人"。

然而，"何为正义，何为邪恶"是个仁者见仁、智者见智的问题，取决于个人的立场和观点。不是每个人都能认同崇尚秩序型的人所主张的"正义"或"常识"。

事实上，当"键盘侠"在网络世界里横行霸道的时候，也有不少人在呼吁："有没有人管管这些烦人的键盘侠啊？"

在网络世界里，标榜"错误的正义"与"错误的大道理”的“社会正义战士”不在少数。甚至有一些“战士”将这种错误的正义和大道理用作“冠冕堂皇的正当理由”来攻击他人。

总之，请大家牢记，崇尚秩序型的人的愤怒很容易失控。因为他们只看得到秩序和规则，而忽略了其他。

崇尚秩序型控制怒气的方法

这种类型的人对自己和他人都是高标准、严要求。而我的建议是不要对他人抱有太高的期望。

他们期望别人遵守自己认定的秩序和规则，所以一旦看到别人不遵守，就会很生气。期望越大失望越大，说的就是这么回事。但问题是，别人终究是别人，不可能事事都按你的想法来，因此，我们能做的就是提前降低对他人的期望值。“这个总归是能做到的吧？”——把期望值放到最低其实刚刚好。如此一来，就算结果不太理想，你也能告诉自己“嗯，就这样吧”“这样也还凑合”。

不要对别人期望太高——仅仅是这样自我暗示，你的容忍度也能上升不少，不至于天天嚷嚷着"太不像话了""岂有此理"。

如果你是这种类型的人，建议调整一下自己的"思维习惯"。

崇尚秩序型受"应该思维"（"××就该××"）和"黑白思维"（以绝对的是非对错判断事物）的束缚，养成了思维定式，所以他们的容忍度很低，看不惯不遵守规则的人。

最有效的应对方法就是从根本上修正自己的思维习惯。

看到这里，也许会有读者发问："思维习惯改得了吗？"其实精神医学领域早就形成了一套成熟的方法。这种方法被称为认知行为疗法（Cognitive Behavior Therapy）。

认知行为疗法旨在修正事物认知方式的扭曲和习惯。先认识到自己的思维模式存在偏见等问题，再加以修正，就能有效调整自己的观念与行为，获得更好的结果。

虽然认知行为疗法通常需要在专业医疗机构的精神科、心理科等进行，也离不开医生的指导，但只要掌握修正思维方式的大致步骤，就能在某种程度上进行自我调整了。之后的章节会有关于"自我认知疗法"的详细介绍。

总之，我们无法轻易改变别人，但改变自己还是可行的。**何不调整自己的思维方式与习惯，改变自己呢？**

只要自身做出改变，就能更好地控制情绪，不至于因为他人违反规则而火冒三丈。

崇尚秩序型释放怒气的方法

这种类型的人往往是高度社会化的，遵守纪律和秩序，并且认为自己比其他人更有常识。对于他们来说，"自己的观点无法向他人传达、得不到他人理解"的状态会造成莫大的压力。

因此，最合适的发泄方式是向密友或理解自己的人倒倒苦水，而不是将愤怒与压力直接爆发在惹怒自己的人身上。

同时，这类人有很强的社交能力，经常参加各种社群活动，有兴趣爱好方面的，也有自我提升方面的。但是请格外注意，一旦在某个特定领域深入钻研，他们就很容易与他人发生主张、观念上的冲突，从而引起矛盾。

另外，崇尚秩序型的人还擅长理论，热衷于研究，所以阅读哲学、人生观方面的书籍扩充知识可以将他们从秩序的约束中解放出来，帮助他们释放压抑在心中的怒气。

阿图尔·叔本华、伯特兰·罗素和阿兰[1]的哲学书籍都是不错的选择。将这些书当作"护身符"随身携带，在需要平复情绪时拿出来翻一翻即可。

1　原名埃米尔－奥古斯特·沙尔捷（Émile-Auguste Chartier），法国哲学家，著有《幸福散论》等。

如果对方是"崇尚秩序型"

崇尚秩序型的人往往以"正义和大道理"作为愤怒的支柱，提前将自己全副武装起来。跟这类人打"口水战"相当费劲。

大家不妨设想一下，这种类型的人大多坚持己见，绝不让步，也不会听取别人的意见。这就意味着你得从"'你眼里的正义'和'我眼里的正义'完全不同"说起，这是何等艰巨的任务。因此我建议大家避免正面争论，想办法找出妥协点，息事宁人。

对方会要求你遵守他们的规则，你要做的就是好好听着，接受你能接受的，共情你能共情的，再附上一句"我明白你是怎么想的了，我以后会在这几个方面多加改进"，表现出你有让步的意思。

当然，我们不需要全面接受他们的要求。仔细观察对方的反应，适时提一提你的需求，找到一个双方都能接受的"妥协点"就行。

崇尚秩序型的人中不乏理论大师，我建议大家先在一定程度上接受他们的要求，然后围绕理论展开，如此一来就更容易说服他们了。

　　总而言之，这种类型的人会在自己坚信的秩序和规则遭到否定时勃然大怒，所以千万不要在这方面刺激他们。不如开动脑筋，尽量控制好自己的情绪，想办法达成妥协。

ⓒ争强好胜型

→ 事事计较输赢，总想让自己显得更强大

争强好胜型的特征和倾向

这种类型的人极具竞争意识，凡事都要计较输赢。他们习惯于把他人分成两类——敌人与自己人。跟自己人相处时，他们表现得诚恳而平和，可一旦碰上敌人，他们就会主动挑起斗争，非要胜过对方不可。

对这种类型的人来说，"愤怒"就像是为获胜而服务的工具。经验教会了他们，只要通过大吼大叫与威胁来表达自己的愤怒，对方就会退缩。如此一来，自己就能占上风，让局势朝着有利于自己的方向发展。换句话说，他们会用生气、愤怒这样的方式来提醒对方："我比你强！""我比你更有优势！"

他们习惯了跟人吵架。"只要吼上一嗓子，就能争取不少时间。""这个时候发火，就能逆转局势。"这都是本能教会他们的。一旦意识到愤怒能让自己占据优势地位，尝到甜头的他们就会想方设法利用一切机会发动这种技能。不少脾气暴躁、容易因为一点儿小事大发脾气的人往往认为，只要吼几声就能解决问题或制服对方。

然而问题是，这种动不动就发火的人不一定就是"强者"。

事实恰恰相反。这类人大多有软弱的一面，且普遍有自卑情结。原因当然因人而异，可能是对学历、家世感到自卑，也可能是觉得自己的长相不够好看，总之就是对自己没有信心。因此他们要利用"愤怒"这种情绪的力量，试图使自己看起来比对方更强大、更优越，以掩饰自己的弱点或缺乏自信的一面。

简而言之，逞强与虚张声势是缺乏自信的表现。俗话说"狗越小就叫得越凶"，争强好胜型的人容易动不动就发火，也是因为怕被对方看出自己的软弱和不自信。他们心中大都暗藏着危机感，觉得不大喊大叫、拼命威吓，就无法生存下去。

想以"愤怒"压人一头

在心理学中，"试图显示自己比对方优越的行为"有一个专业术语，叫"Mounting"。这个词原本是动物行为学中的专业术语，意为"爬跨"，指猴子、大猩猩等灵长类动物以交配姿势骑上其他个体臀部的行为。动物会通过这种行为强调自己在族群中的地位高于对方。

在人类社会中，这个词指的是"通过吹嘘或炫耀强调自身优越性的行为"。

人类毕竟是社会动物，不得不在竞争中求生存，而渴望取得更具优势的地位也是人之常情。无论男女老少，每个人都会产生这样的想法。这样看来，平时稍微"显摆"一下也不丢人。再说了，人终究也是动物，而且我们又是灵长类动物的亲戚，说不定"爬跨"早已被写进人类的基因里。

为了在社会的生存竞争中胜出，有时我们也确实需要主动出击，让自己立于更有优势的位置。从这一点来看，我们也可以说经常生气的争强好胜型，其实是在有效运用"愤怒"这种情绪来帮助自己在竞争中取得优势。

如前所述，愤怒是源自本能的情绪，是为生存服务的，可以说这一类型的人也算是发挥出了"愤怒的初始功能"，将其运用在了生存战略上。

争强好胜型控制怒气的方法

这类人大多有软弱的一面，心理上往往有自卑情结。但我要告诉大家，不要逞强，也不要藏着掖着，把自己的弱点和缺乏自信的一面展示出来反而更好。

不要害怕沦为他人眼中的弱者，也别怕出丑，只要勇于展现真实的自己，你就能卸下心头的包袱，一身轻松。因为你会发现，就算把弱点暴露出来，现状也不会有任何改变。慢慢地，你就会意识到自己并不需要处处逞强，不需要压人一头，更不需要发火大吼。

争强好胜型的人平时都穿着厚重的盔甲，死守自己的弱点。我建议大家痛下决心，卸下盔甲，轻装上阵，以真实的模样示人。

如此一来，你便能够自如地展示真实的自己，并能以更加自然和轻松的态度与人相处，而不至于处处想胜人一筹。

卸下盔甲也许会让你输掉一些"小骄傲"，但你会在这个过程中意识到：我又何必纠结于每一次的胜负呢？输了反而更轻松。

有句话叫"以退为进"，真正强大的人懂得随机应变，不会执着于一时的输赢。强者之所以强大，正是因为他们具备"柔韧性"，他们活得很自信，也无须事事逞强，动不动就生气、发怒。

另外，争强好胜型的人要是长期逞强，吼个不停，等待他的就是旁人的疏远与无尽的孤独。因此，我建议这种类型的读者在变成"孤家寡人"之前卸下盔甲，彻底解放身心。

争强好胜型释放怒气的方法

对于争强好胜型的人而言，"输给别人""无法占据优势地位"是他们最大的压力来源，他们与天真幼稚型一样，适合做一些与竞争无关的事情来转移注意力，释放怒气。

不过，比起独自埋头苦干，**争强好胜型的人可能更适合那些能够带来畅快感、能让人觉得自己彻底战胜了某种东西的活动**。例如砸碎盘子、拳打靠垫、掰断棍子……这些都是能让人神清气爽的好办法，只要小心别弄伤自己，别给旁人添麻烦就行。

无论是运动还是游戏，我都不建议争强好胜型选择需要与他人竞争才能获胜的项目。去电玩中心玩打地鼠或射击游戏，去拳击馆打打沙袋，去室内模拟棒球馆打棒球，这些都是不错的选择。

或者索性体验一下被"打败"的感觉，也是释放怒气的一种方式。刻意尝试新的事物或绝对搞不定的事情，彻彻底底输一场。也可以选择体感刺激较强、自身无法掌控的事情，如跳伞、蹦极等。

如果对方是"争强好胜型"

面对争强好胜型的人，最有效的办法就是"不和他斗"。

对方可能会大喊大叫，百般挑衅，但你千万不能中了他的激将法。只要你不走上赛场，"比赛"就无法成立，对方就无法、也不会占据优势地位了。

另外，这类人虽然深谙争斗之法，却不知道该如何对付"不跟他斗"的人。我们大可小心行事，尽量不刺激到对方，无论对方说什么，都别当回事儿。时间久了，他们也会觉得没意思，就懒得再针对你了。

总而言之，请大家冷静判断如何才能在不产生正面冲突的情况下解决问题。

如果你的上司是争强好胜型的，那么当他大发雷霆时，你最好悄悄溜走，或者随便找个借口出去办事。如果坐车时不小心撞到了看起来凶神恶煞的人，请务必保持冷静，礼貌地跟人家道歉，尽量不要把事情闹大。如果开车时碰到了"路怒症患者"，也不要理睬对方的挑衅，不要与他们争吵，迅速报警就对了。

这类人大都惯于争吵和发怒，可谓经验丰富。一旦被他们带偏，没控制住情绪，那就得不偿失了。因此我们要格外小心，不要卷入他们主导的争吵中，哄上几句，装装样子，然后尽快离开。

别看争强好胜型的人动不动就生气，但他们其实并不喜欢承担责任或被追究责任。你大可摆出毅然决然的态度，说上一句："好，那就去派出所（交管所）说个清楚。"搞不好他们马上就会乖乖撤退。与这种类型的人产生纠纷时不妨一试。

Ⓓ 抑郁倾向型

→ 情绪不外露，怒气在心中日积月累

抑郁倾向型的特征和倾向

用一句话来概括的话，抑郁倾向型就是容易把压力积攒在心里的人。

这类人倾向于把情绪压在心里，而不是表现出来。即使每天的工作都很辛苦，他们也不会把情绪表现在脸上或大发牢骚，而是憋在心里。在职场、家庭或与朋友的交往中遇上了烦心事，他们也会迁就他人的感受，一笑置之，把负面情绪留给自己。

他们处理愤怒的方式也是如此。旁人压根没发现他们在生气的情况并不罕见。怒气在他们的心中日积月累，旁人却毫不知情……而这类人往往是很记仇的，怒气的种子会在他们心中生根发芽，日渐壮大。"一年前我向你求助，你却没有伸出援手……""那次他把自己分内的工作推给了我……""我出丑的时候，他冷眼看笑话……"小小的怨气会在他们心中越积越深。

这类人还有一大特征，那就是有明显的自我惩罚倾向。一旦遇到挫折，无论是工作上的失败，还是人际关系方面的矛盾，他们都会责怪自己。事情明明都过去了，他们却还在后悔或否定自己的行为，心想："我当时应该那么做的！""我要是这么做就好了！""我怎么就这么不中用呢……"而且他们会把这些后悔一直存在心里，久久无法释怀。

将无法化解的压力、挫折、悔恨、不甘和自责长期憋在心里，对心理健康极为不利。负面情绪日积月累，身心终有一天会宣告罢工。

这就是抑郁倾向型的人经常受到身心问题困扰的原因。有的人甚至会因此患上抑郁症。

起初是情绪低落，出现失眠、头痛、肩颈酸痛、头晕等身体症状。时间久了，不明原因的身体不适会越发严重，最后甚至发展到无法正常生活与工作的地步……去医院一检查，才知道是得了抑郁症——这种情况并不少见。

容易满脑子想着"为什么倒霉的总是我"

给大家介绍一个典型的例子。

小 F 在一家小型贸易公司当文员。她入职已有四年，早已习惯了工作环境，工作态度认真踏实，平时很少犯错，同事们也都很欣赏她。

当上司突然让她加班时，哪怕是因为同事犯的错不得不赶工，她也从不抱怨。她从小到大都不善于坚持自己的观点，也不会跟人争吵，更不敢对别人的要求说"不"。所以，当同事把自己的活儿推给她干时，她也只会默默接受。她心想："我不想因为抱怨给同事留下不好的印象，也不想因为拒绝把同事关系搞僵。如果我忍一忍就能把事情解决，那我就忍着吧。"她上班时总是尽量保持微笑，很擅长察言观色，不和他人作对，也不爱出风头，生怕惹人讨厌。

在旁人看来，小 F 肯定是一位非常可靠的同事，毕竟她愿意帮忙处理麻烦事，而且连一句牢骚都没有。上司和同事都很信任她。渐渐地，大家开始频频找她帮忙，以至于她成了"专门帮忙救火"的人。大家都以为小 F 天生就是个工作狂，很乐意接受那些任务。

然而，事实并非如此。

小 F 不得不处理同事分给她的各种任务，怎么做都做不完，这让她感到压力很大。虽然她嘴上没说什么，表情也一如既往，心里却时常嘀咕："为什么大家都把活儿推给我干？为什么倒霉的总是我？！"随着怨气日积月累，她对上司越来越不满，产生了近似于愤怒的情绪，因为上司把她当成了什么都干的杂工。

但问题是她不敢拒绝，也无处可逃。长期的忍耐，让她遭受了失眠、肩颈酸痛和反胃恶心的折磨。

一天，因为小 F 没有及时完成任务，一个重要的项目受到了影响。之后她一连几天都没去上班。

上司有些担心，便去她家探望。谁知小 F 却质问上司："你为什么要这样折磨我？"态度与平时判若两人。一打听才知道，她已经病了好几个星期，还被诊断为轻度抑郁症。上司听到她声泪俱下的控诉，才意识到她承受了很大的压力，而且对自己心怀怨气。

这个例子告诉我们，抑郁倾向型的人往往会把压力、怨恨和愤怒憋在心里，搞得自己身心俱疲。他们不擅长倾诉与求助，什么事都一个人扛。像小 F 那样在旁人毫无察觉的情况下身心状况不断恶化也是很常见的现象。

平时做事认真负责、情绪不外露、经常承接大量工作、不善于拒绝他人要求的人都要多加小心。

抑郁倾向型控制怒气的方法

首先，我建议这种类型的人要**多发火，多表达自己的意见**。

同事把活儿推给你，你就该明确拒绝。有人拿你开玩笑，说了你不爱听的话，你也应该明确表达自己的态度或直接反击。

如果对方提了无理要求，就更应该把火发出来，不要畏惧冲突，否则你迟早会被累积的负面情绪压垮。长期把怒气憋在心里，也会导致种种身心问题。

抑郁倾向型的人多是老好人性格，习惯于服从公司和上司的要求，一不留神就会被利用、被压榨，直到遍体鳞伤。公司靠谱也就罢了，要是碰上压榨员工的企业，身心出问题是迟早的事。同样的问题也可能出现在家人与朋友之间。为避免陷入这种状态，我们要有意识地**学会说"不"，学会生气的方法，学会表达自己的意见**，作为自我**防卫的手段**。

如果有必要的话，做一些自信训练[1]也不错。网上有很多相关教材，也能买到这方面的书籍，还有很多培训班可供选择，有需求的读者不妨一试。

还有一件事对抑郁倾向型的人来说至关重要，那就是**尽量避免积攒压力**。无论在学习、工作还是生活中，当他们面对愤怒、不满等情绪时，他们大都习惯于大包大揽，越积越多，最后难以招架，全面崩盘。

因此，我建议这种类型的人不妨想办法时不时地纾解一下，而不是把压力积攒在心里。最好提前找到一两个行之有效的法子（做了这件事就能心情舒畅），遇到压力时就拿出来用一用。

至于选择什么方法，大家完全可以按自己的喜好来。可以在练歌房里高歌，也可以通过运动尽情地挥洒汗水，赶走郁闷的心情。在下一章里，我会为大家介绍更多纾解

1　Assertive training，亦称肯定性训练、果敢训练，是基于行为主义心理学家格思里的对抗性条件作用原理的行为治疗方法。

压力的方法，供大家参考。

借助认知行为疗法调整思维习惯，也对抑郁倾向型的人有很好的效果。

如前所述，认知行为疗法能帮助我们意识到思维模式的扭曲，调整思维习惯和行为，达到更好的结果。其实这种方法也经常被用来治疗抑郁症，而抑郁倾向型的人很容易因为反复的后悔和自我否定而患上抑郁症，所以认知行为疗法对他们相当管用。

简单来说，就是通过修正"容易把压力和愤怒憋在心里的思维习惯"和"自我惩罚、自我否定的思维倾向"来避免压力过度蓄积。

下一章重点探讨的"自我认知疗法"也有一定的效果，建议抑郁倾向型的朋友试一试。

抑郁倾向型释放怒气的方法

这类人本就无法将怒气表现出来，"释放怒气"对他们来说是非常难的一件事情。可是如果不采取任何措施，压力将持续积累下去。说不定哪天早晨一睁开眼睛，你就会发现自己连起床的动力都没了，而且浑身不舒服，搞不好还得请长假甚至离职。在身体出问题之前找人倾诉一下，或是求助于医疗机构，都是值得考虑的选项。

对这种类型的人来说，充分休息、保证睡眠时间以免压力过度积累极为重要。此外，由于他们的抑郁倾向较强，通过吃爱吃的东西提高一下血糖水平也是一种有效的对症疗法。

抑郁倾向型的人往往不敢表达自己的意见，我建议大家通过"大声喊叫"释放压力。可以一个人去练歌房唱唱歌，也可以去体育馆观看体育赛事，总之就是找个不会打扰到别人的地方，肆无忌惮地大声喊几下，有效纾解压力。适度运动（如慢跑、肌肉锻炼）同样有效，还有助于保持身心健康。

需要和别人一起参与的项目就不太推荐了。请选择一些可以按自己的节奏做的事情，这样就不必顾及他人，能有效纾压。

如果对方是"抑郁倾向型"

下属在日常工作中积攒了大量的压力和怒气，上司却完全没有察觉到——小F这样的情况并不少见。如果你也有情绪不外露的下属，那么该如何与他们相处呢？

关键在于平时仔细观察下属的工作表现，时不时评估一下"工作量是否合适"以及"下属有没有表现出很疲劳的样子"。这个回答可能有点老生常谈了，但只要有意识地关注下属，就能避免大量工作集中在某一个人身上，出现令他身心俱疲的情况。

上司偶尔也要主动出击，帮下属们泄泄火。过去，上司经常会带下属去餐馆喝两杯增进一下交流，不过现在的年轻人对这种事比较抵触。对上司来说，这样的聚餐是观察下属是否压力过大的好机会。对下属而言，聚餐也是适度释放压力与怒气的绝佳方式。大家不妨试着找到一种更适合当下社会大环境的沟通方式，为双方的坦诚交流创造机会。

此外，请各位上司多多提醒下属："努力工作固然重要，休息也马虎不得。"因为抑郁倾向型的人普遍认为只有拼命工作，人生才有价值，如果对这种过于拼命的态度放任不管，他们会一脚油门踩到底，拼到身心疲惫。

因此，做上司的要时不时地提醒他们，"不用那么拼""偶尔也得休息一下""是时候喘口气充充电了"，帮他们适时踩下刹车。如果职场环境能够帮助这些踩着油门不放的人踩下刹车，那么兢兢业业的员工们就能避免因压力过大而搞得身心俱疲。

Ⓔ 冷静分析型

→ 逻辑重于情绪，冷静策划攻击

冷静分析型的特征和倾向

冷静分析型的人普遍聪明能干，让他做什么都能完成得漂漂亮亮。他们口才很好，在会上与人争论时总是金句频出。在职场上与同事打交道时，他们会审时度势，灵活与人周旋。不过他们最受不了"不讲理"这三个字。要是有人做了什么不合理的事情，他们就会据理力争。

冷静分析型的一大特征就是他们生气的时候都带有"高智商"色彩。**他们会沉着冷静地对局势做出分析与判断，以讲理的形式生气、发火。**

他们留给他人的印象往往是"冷酷无情""令人生畏"。"冷冰冰的，爱讲道理""总是摆着一张扑克脸，感觉很难亲近""跟他开个玩笑，他也不会捧场"……这些也是经常用在这类人身上的描述。

给人留下这种印象的主要原因是他们习惯用道理分析一切，遇事总是把逻辑放在情绪之前。

此外，"脸上笑嘻嘻，心里'三字经'"也是这类人的常态。即便内心已经感到非常恼火，他们也很少把愤怒表现在脸上或是直接出言抱怨。而且他们很难融入集体，更倾向于冷眼观察他人。旁人很难读懂他们的情绪和表情，不知道他们在想什么，这可能也是大家总是提防着他们的原因之一吧。

冷静分析型的典型

有一部电视剧完美诠释了冷静分析型的生气模式。

不知大家有没有看过日剧《半泽直树》，故事讲述了大银行职员半泽直树如何揭露黑心干部和企业高管的不法行为，将他们一个个拉下马来。这位半泽直树，就是典型的"冷静分析型"。

这类人的愤怒模式极具战略色彩，他们就像顶级棋手一样，会一步一步将对手逼入绝境。而且他们倾向于冷酷地制订战略，针对他们所认定的"敌人"发起攻击，毫不留情地将其击垮。剧中的半泽直树就是像这样将"敌人们"一步步逼到了墙角，最后报复成功，让他们"加倍奉还"。

这类人平时不会表现出心中的怒气（半泽直树也不例外），但也只是"没写在脸上"而已。他们一旦被惹恼激怒，就会在脑子里疯狂打算盘，冷静分析"我接下来要如何对付他"。

换句话说，他们是那种用"前额叶"而非"杏仁核"处理愤怒的人。在上一章中，我提到愤怒情绪很容易在杏仁核亢奋时升级，而前额叶有抑制杏仁核的作用。即使你感到了愤怒，只要你的前额叶仍能对眼前的事态做出理性、合理的判断，杏仁核就不至于因愤怒而失控。

简单来说，就是在冷静分析型的大脑里，杏仁核和前额叶的"拔河比赛"永远是前额叶取得胜利。正因为思维由前额叶主导，他们才不会把生气、愤怒的冲动表现在脸上，而是会沉着冷静地判断局势，控制情绪。从这个角度来看，他们已经掌握了愤怒管理的基本技巧。

冷静分析型控制怒气的方法

冷静分析型的人往往有一套自己管理怒气的方法。他们已经能够利用前额叶控制自己的情绪了，因此他们也许并不需要特意去学习控制愤怒的方法。但需要注意的是，这类人生气、发怒的时候很容易以自我为中心。

他们不太会有"希望自己的感受得到他人理解"的想法。除了最亲密的家人，他们不会去寻求共情，也不想与周围的人（同事、朋友等）分享他们的愤怒。

假设他们的任务是"给'敌人'一点颜色看看"，他们就会独自扛起重担，埋头向前冲，把旁人统统甩在身后，而此时旁人甚至不知道他们为什么生气。于是，在旁人眼里，他们的愤怒就带上了"自以为是"的自私色彩。而且这种"自以为是"的倾向会让他们与职场、家庭和朋友圈子格格不入，日渐落入孤立的境地。他们自以为在与伙伴们一起对抗不合理，忙活半天才发现自己在孤军奋战。

因此，这种类型的人最好**多和周围人沟通，多袒露自己的感受，把自己的情绪积极表现出来**。

也许你不喜欢受情绪左右，但你周围的人都很看重，很容易共情。只要理解了这一点，就能引起旁人的共鸣，自然就能摘下自以为是、自私自利的帽子。

简言之，冷静分析型的人应该重新审视"人情的温暖"和"情感的重要性"。这个世界上有很多事情是没法只讲道理的，非动之以情不可的情况比比皆是。再者，成天动不动就用前额叶进行分析、判断难免不切实际，还容易造成思维僵化。有时候，我们也需要将一切交给情感，放手让喜怒哀乐带领我们前行，这样也许能收获更理想的结果。

冷静分析型释放怒气的方法

这类人通常认为他们对自己的情绪有一定的控制力，自己就能够适度释放愤怒和压力。不光他们自己，旁人也会这么认为。但是"能够沉着冷静、无懈可击地完成每一件事"同时也让他们养成了一味隐藏真实感受和情绪的习惯。不知不觉中，他们心中便积攒了大量的愤怒与压力，容易造成无法挽回的局面。因此，寻求医疗帮助也是这类人的选项之一。甚至可以说，他们比抑郁倾向型的人更需要这种帮助。

在求助于医疗机构之前，这类人释放怒气的唯一方法就是找到理解自己的个人或团体，找他们说说真心话，倒倒苦水。但因为他们不愿去寻求亲友的共情，这意味着他们需要提前在职场、家庭或朋友圈之外找到一个能够宣泄情绪的地方。他们中的不少人应该都有常去的餐厅或酒吧。

另外，他们与天真幼稚型一样，天生不擅长交际。参与人数众多的活动会给他们带来莫大的精神压力，所以除非工作需要，最好避免这类场合。

如果对方是"冷静分析型"

冷静分析型对自己和他人都很苛刻，不会轻易违背信条，但他们绝不是顽固不化，也并非不通人情。他们会倾听，懂得回顾问题，评估自己是否有错。因此，只要晓之以理，他们就很容易收起愤怒的矛头。毕竟他们是"服理之人"，用"理"说服他们就是最好的办法。

请关键人物（比如对方的上司或恩人）介入干预也是一个好主意。这类人是所谓的"企业战士[1]"，在职场中尤其重视上下级关系。对"战场上的战士"而言，上级的命令是必须要服从的，因此请"上级"属性的人介入往往更容易实现和解。

如果同事与家人中有这种类型的人，我们平时又该如何与他们打交道呢？

如前所述，这类人常给人留下冷酷、可怕的印象。然而，他们并不是没有感情的机器人。他们也有情绪，也会

1　指工作卖力，愿为公司全面付出的上班族。

流泪，也是有血有肉的人。而且他们很容易在组织中孤立无援，所以也有害怕孤独的一面。

身为职场上的战士，他们时刻面临着残酷无情的战斗，因此他们大多向往"能让自己喘口气的地方"。我建议大家为他们营造一个温暖平和的氛围，以契合他们这方面的精神需求。

不要因为他们看着吓人就远远躲开。尽量表现得友好一些，讲几个笑话逗他们笑一笑，以幽默的发言活跃气氛。如此一来，你一定能与冷静分析型的人融洽相处。

F 钻牛角尖型

→ 多疑偏执，憎恨与妄想无限膨胀

钻牛角尖型的特征和倾向

经常胡思乱想，爱钻牛角尖，以至于揪着对方不放，穷追猛打……不知大家周围有没有这样的人？

其实这种类型相当多见。只要是在人数较多的集体中，就肯定会有那么几个钻牛角尖型的人。

这类人的特点就是想得太多，容易钻牛角尖。他们猜疑心重，有莫名强烈的被害者意识。一旦感到自己被忽视，或自己的想法、行动遭到了阻碍，他们就会认定对方怀有恶意或其他企图，故意使坏。而且这种妄想会不断膨胀，让他们对对方产生敌意。

钻牛角尖型的人特别爱自己，总是自信满满，认为自己在任何事情上都"理应获胜""理应得到优待"。世界是围绕他们转的，他们无法忍受自己输给别人、落后于别人、比别人不幸的状态。

因此，一旦在现实生活中得不到想要的回报或处于劣势，他们就会责怪他人，而不是自我反省。"都是他害得我工作业绩上不去！""要不是那个裁判，我早就赢了！""我这么穷都是这个社会的错！"……他们会像这样转嫁责任，责怪他人。

他们有强烈的对抗意识和竞争意识，在体育赛事、考试等场合都是坚持到底，决不放弃。要是在工作、竞争或人际关系方面的努力没有收获好的结果，他们会备感难堪，生出怨恨与愤怒之情，觉得"是××害我丢脸了"，而且格外记仇。因此产生强烈的报复心理也是常有的事。

如果是在两性关系中，这种"想不开"与"执拗的报复心"超过了一定的限度，就有可能发展成对异性的跟踪骚扰。

总之，钻牛角尖型的愤怒非常棘手。

钻牛角尖型控制怒气的方法

谁都有疑神疑鬼的时候。想必各位读者也有过因误会对人产生怀疑、因胡思乱想而戴有色眼镜看人的经历。

人人心里都有可能生出阴暗的念头。看到对手栽跟头，你会暗想"活该"；看到别人的工作比自己顺利许多，"给他制造点障碍"的念头就会在脑海中闪过；看到异性缘好的人，你也难免会心生嫉妒，觉得"凭什么总是你出尽风头"；在社交软件上看到别人炫富、秀恩爱，你也许会想"真希望他们早点分手"……

我们每个人的脑海中或多或少都会有这样的念头。但大多数人会及时调节，想办法消除这种无谓的怒意。我们会告诉自己"别想这件事了""换个心情，琢磨点别的吧"，以此来转移注意力，想办法在心中找到妥协点。

换句话说，"如何找到妥协点"就是钻牛角尖型的人需要学习的技巧。

这类人有非常强烈的执念。因此他们一旦被某种念头困住，就会死抓着不松手，任妄想不断膨胀。

我建议这类人要养成让自己及时刹车的思维习惯，在那个念头过度膨胀之前找到恰当的妥协点。例如，培养"自我对话（Self-talk）"的习惯，以打破自己的执念。说白了就是在执念膨胀时跟自己说话，以此踩下刹车，给情绪降温。

说得再具体一点，当黑暗的念头开始膨胀时，我们可以反复对自己说"哎呀，算了算了""小事一桩""船到桥头自然直""先冷静下来"之类的话。

有意识地进行自我对话，为即将失控的汽车踩下刹车，就能浇灭某个念头的"火花"，防止怒火不断升级。

钻牛角尖型释放怒气的方法

钻牛角尖型的人独处的时间越长，就越容易沉浸在负面情绪中，导致愤怒值和压力值飙升。这类人释放怒气的最佳方法就是待在人多的地方。周围没有亲朋好友也无妨，独自出门去闹市区走走，去热闹的咖啡馆坐坐，也可以在一定程度上纾解愤怒情绪。

与他人的接触也能帮助这类人释放怒气和压力。如果找不到合适的人，多跟宠物亲密接触也同样有效。与人或动物的接触还可以促进人体分泌催产素，缓解疼痛和压力。

钻牛角尖型的人普遍猜疑心重，有"厌人"倾向。他们中的不少人在童年时期与父母和其他人接触得特别少。因此，肌肤接触非常有助于缓解这类人的愤怒情绪。在他们即将爆发时，来自亲近之人的轻柔触摸可能有"灭火"的功效。

如果对方是"钻牛角尖型"

这类人的愤怒处理起来非常棘手。要是一不留神让他们产生了敌意和怨恨，麻烦就大了。因此，大多数人肯定会这么想："还是别跟这种人打交道为好。"最明智的做法确实是随心情而定。说白了，就是与这类人保持一定的距离，远离他们。毕竟你永远都不知道什么会引发这类人的妄想和敌意。一句无心之言也有可能按下愤怒的开关。

因此，与他们打交道的时候一定要多注意自己的言辞，不要稀里糊涂地激怒他们。他们有时会与你争论一些鸡毛蒜皮的琐事，或者在你的话里挑刺，借机谴责。遇到这种情况时，千万不要落入他们的思维"陷阱"。不妨试着打太极拳，尽量不要硬碰硬。

总之，一旦被这类人盯上，你就会麻烦缠身。如果他们只是自己钻钻牛角尖，把敌意藏在心里也就罢了。问题是这种人往往不会停留在"想一想"的阶段，而是会付诸实践。换句话说，他们真有可能做出带有攻击性的行为，比如在工作中给人使绊子，执着地跟踪对方，甚至伤害对方……

　　当然，不是每个钻牛角尖型的人都会干出这种极端的事情来。但请大家务必牢记，一个小小的误会与差错，在他们这儿也有可能会发展成大麻烦。

遇到"偏执型人格障碍"的情况怎么办

病态倾向明显的钻牛角尖型可能会出现"偏执型人格障碍"。

偏执型人格障碍又称"被害妄想症",患者不信任他人,多疑偏执,容易产生敌对情绪。在极端情况下,患者甚至有可能把周围的所有人都看作试图攻击自己的敌人。和这种类型的人打交道时稍不留神,对方就会误以为"他对我发动了攻击",于是你便成了他报复的目标,会有源源不断的愤怒和攻击等待着你。

因此,如果这类人将愤怒或怨恨的矛头指向了你,请尽快寻求专业帮助,千万不要犹豫不决。

专业医疗机构的药物治疗可以在一定程度上防止妄想和执念的升级。情况严重时,我们也需要直接求助于医疗机构甚至警方。

在现实生活中,棘手的生气类型确实存在。为了保护自己,还是尽可能避开为好。如果不幸被缠上了,就需要想办法逃离,或寻求外力的帮助。

我坚信，调动危机意识避开处理起来棘手的愤怒，也是愤怒管理的重要部分。

愤怒的模式确实因人而异。正因为如此，我们才需要仔细辨别自己和周围人属于哪种生气类型，然后巧妙应对。能否控制与管理好愤怒，关键取决于"确定生气类型"这个环节。

第 3 章

如何化"生气"
为"平常心"

掌握消除怒气的方法

提前掌握不生气的方法

当我们谈及针对生气、愤怒情绪的精准管控时，自然就离不开"如何不生气"这个话题。

只要提前掌握几种行之有效的不生气的方法，就能在怒火即将被点燃时不慌不忙地将其扑灭。

在本章中，我将为大家介绍 7 种有助于精准管控愤怒的"灭火技巧"。

- 尝试"自我认知疗法"
- 拥抱"不生气的自己"
- 调整上网习惯
- 理解男女迥异的生气模式
- 掌握重拾冷静的方法
- 提高血清素的分泌量
- 通过身体感觉控制怒气

这些技巧不需要全部掌握。大家可以根据实际情况挑选出最适合自己的，再加以实践即可。

拥有足够多的技巧储备，就能在关键时刻不慌不忙，及时扑灭怒火。

尝试"自我认知疗法"

→ 调整思维习惯，防"怒"于未然

　　我们就先从"自我认知疗法"说起吧。

　　生气、愤怒、不满、焦虑等情绪往往是由扭曲的思维习惯引起的。

　　而认知行为疗法就是在专家的指导下修正这些"扭曲"的方法。认识到自己的思维模式存在扭曲和偏见，再加以修正，就能妥善控制自己的情绪和行为，获得更好的结果。"自我认知疗法"旨在自主进行修正与控制，改变易怒、易沮丧、易焦虑的状态。

　　下面是一些最常见的扭曲的思维习惯，容易产生生气、愤怒和不满等情绪。

　　● 黑白思维
　　极端的二选一思维，如"非黑即白""非全即无""非善即恶""非对即错"。这种思维方式带来的结果就是"不宽容",认定"我的想法或行为才是对的,别人都是错的",进而对那些与自己看法相悖的人产生怒气和敌意。

● 应该思维

遇事的第一反应永远是"应该××""必须××"。一旦受制于这种思维,就很容易燃起怒火。第2章里介绍过的"崇尚秩序型"便是典型。他们容易对不遵守规则的人产生怒气和敌意。例如:"既然规则是这样,就应该人人遵守,他却满不在乎地犯规!"

● 滤镜思维

透过自己的"扭曲滤镜"和"有色眼镜"看待事物与他人,做出扭曲或带有偏见的判断。这类人倾向于将自己与他人进行比较,关注那些"削弱自身价值的要素",进而导致扭曲的判断,造成不满与怨气的升级。例如:"我这么倒霉,他却这么幸福，简直岂有此理！""凭什么倒霉的只有我！"

● **武断思维**

在没有任何依据的情况下，仅凭自己的印象做出判断。这类人会过度解读他人的想法，猜忌、敌视旁人。例如："他肯定在说我的坏话！""看到我被上司批评，大伙儿肯定都在心里笑话我呢！"

● **"都是我的错"思维**

一出问题就认定错在自己。"上司心情不好，肯定是因为他看我不顺眼。""销售额下降都是我的错。"这类人容易任由心中的压力肆意膨胀。这种思维常见于容易积攒压力的人，比如第 2 章提到的"抑郁倾向型"。

● **渴望"点赞"思维**

有强烈的认可欲求，即想得到他人的表扬与认可。如果这种需求得不到满足，他们就会产生巨大的挫败感。"想在社交平台上得到许多'点赞'，可谁都不看我发的东西，也没人认可我。"——这就是渴望"点赞"思维的典型模式。"我都这么努力了，却没有人关注我，怎么可以这样！""反正我这辈子都得不到他人的认可了……"他们会进行这样的过度解读，不仅心怀不满，还会对旁人生出埋怨的情绪。

各位读者说不定也在不知不觉中形成了以上某种思维习惯。那我们应该如何通过自我认知疗法进行修正呢？

1. 认识到自己会让事态变糟的思维模式

每个人都有自己的思维模式，而某些思维模式总是与糟糕的事态挂钩。"每次陷入这种状态，我都会烦躁生气。""只要在这种时候生气，我就会陷入恶性循环。"……

遇到这种情况时，我们要做的第一步就是认识到糟糕的事态也许是自己的观念与思维方式造成的。

2. 客观看待自己的思维模式

认识到问题所在之后，第二步就需要养成客观看待自身思维模式的习惯了。

例如，当你在一段人际关系中受到来自某个人的心理压力时，你可以对自己说："换作平时，我大概会这么想，然后这么处理……可是且慢！要是换个角度想一想，调整一下处理方式，对方的态度说不定也会有所改变。"总之，就是**尝试有意识地改变自己的反应模式**。这将有助于拓宽视野，帮助我们认识到有各种思维和行为模式可选，而对方的反应也会随之改变。

想要更客观地了解自己的思维模式，不妨在笔记本上写下自己的想法和行为。以文字的形式输出，你就能更加清楚地把握自己的心态，意识到"啊！其实我是对他感兴趣的""在这种情况下没有必要生气"，思维习惯中需要修正的部分也会浮现出来。

3. 将修正后的思维习惯付诸行动

第三步是**将修正后的思维习惯付诸行动，不断积累"这样做能收获更好结果"的经验**。

摸清自己的思维倾向后，你就能逐渐辨别"通往失败的思维模式"和"通往成功的思维模式"。而当你用修正过的、通往成功的思维模式行事时，你会发现自己不再容易受生气、沮丧、焦虑等负面情绪所困，更容易收获理想的结果。

换句话说，修正思维模式的这一过程有助于你从认知层面更深刻地认识到，摒弃错误的模式后，更容易进入情绪的良性循环。

"自我认知疗法"的核心就是通过积累"修正思维能带来理想结果"的成功经验，来改变自身的思维和行为模式。

这里介绍的不过是大概的方法，如果你想了解更多关于认知行为疗法的信息，有许多书籍和在线资源可供参考。

我们很难改变他人的思维模式，但自己的思维模式还是可以扭转的。只要修正思维习惯，调整行为模式，就完全有可能从"易怒的自己"转变为"不生气的自己"。

自我认知疗法

Step 1　认识
认识到自己会让事态变糟的思维模式。

Step 2　客观看待
客观地看待，有意识地调整自己的思维模式。

Step 3　付诸行动
基于修正后的思维习惯，采取行动。

找到"与理想结果挂钩"的感觉

拥抱"不生气的自己"

→ 单单调整行为习惯，也能有效改变生气模式

除了"自我认知疗法"，还有一些方法可以用来改变平时的行为与习惯，从而避免动不动就生气。下面就给大家介绍几种任何人都能轻松实践的不生气的小技巧。

别把"可是""但是"挂在嘴边

口头禅是一个人思维模式的反映。你的思维模式会被下意识地投射到脱口而出的话语中。

因此，一个人若是常把消极的话语挂在嘴边，他的思维与行为就很容易朝着消极的方向发展。下面这些带有负面色彩的短语尤其需要引起我们的注意。

"可是""但是""反正""还不是因为"

"怎么办啊""不行""不能"

"充其量不过是""应该""必须"

大家是不是也常把这些话挂在嘴边呢?

"可是""但是""反正"……跟在这些短语后面的话十有八九带有消极色彩。经常说这些话,你的思维习惯与行为也会偏向消极。而这种消极的态度通常会对人际关系造成消极的影响。

而且如前所述,"应该"与"必须"等词汇容易让人陷入"应该思维",说多了难免会给他人留下不够宽容的印象,引发不满与愤怒。

反之,只要有意识地避免使用这些短语,心态就会随之改变。

建议大家努力多说积极向上的话,比如**"一定可以的""有戏""很棒""没问题""柳暗花明又一村"**等。

如此一来,思维与行为模式就会朝阳光乐观的方向转变,人际关系也将变得更加和谐。碰上换作以前会让人大发雷霆的事情,也不至于火冒三丈了。

其实，积极思维与消极思维时刻共存于我们的大脑中。只是当我们感到心理层面的痛苦时，消极思维就会占主导地位，导致我们思维僵化，变得爱钻牛角尖。

换句话说，当受到压力影响时，我们容易受困于消极的念头，导致大脑无法正确处理它所接收到的信息，进而对平时根本无所谓的小事反应过度，变得暴躁焦虑，什么事都往坏的方面想，任由心中的愤怒不断膨胀。

研究表明，消极思维主要有两种："无助感"与"不被爱的感觉"。

当心里的痛苦得到缓解时，积极思维便能占主导地位。因此，当你感到无助时（"我什么都做不好""反正我就是没出息"），或是当你觉得自己不被任何人所爱时，请在这种情绪发展成愤怒之前，试着用适合自己的方式释放现状所造成的压力。

不八卦，不说人坏话

听到别人说自己的坏话，任谁都会生气。有些人只是不表现在脸上罢了，心里肯定不痛快。大家务必遵守这条基本原则——不说别人的坏话。**因为从你嘴里说出来的话，总有一天会返回到你自己身上。**说这是"因果报应"也许有点夸张，但你对他人的贬低很有可能绕了几个圈子，再以同样的方式砸到你的头上。到时候，生气的可就是你自己了。

因此，不让自己生气的有效方法之一就是不八卦，不说别人的坏话。

看到有人在嚼舌根，也最好不要掺和。只要你凑了过去，哪怕一句话也不说，全程保持沉默，旁人也可能认定你认同那些坏话。遇到这种情况时，最好借故离开，或者换个话题，总之就是尽量别掺和。

除了面对面交谈，这一原则也同样适用于基于电子邮件、聊天软件和其他社交平台的交流。在网络世界，文字很容易被断章取义，一篇无心的文章都可能被当作"坏话"，需要格外小心。

不要纠结自己无法控制的事情

为了避免生气，首先要养成不对自己无法控制的事情产生愤怒情绪的习惯。

经济大环境不好，突然发生了自然灾害，隔壁邻居在装修……这些都是你无法控制的。劝自己"认命"，不再为无法控制的事情感到愤怒，就能大大降低生气的频率。

他人的言行同样不受我们控制，听到别人口出狂言，或是被上司批评了几句，你也要告诉自己"**我控制不了别人，因为他们发火没有意义**"，如此一来就不会受他人的言论或上级的训斥困扰了。

和大家分享一则名人逸事吧。

日本国民荣誉奖得主松井秀喜刚从巨人队转会至纽约扬基队时，状态极度低迷，在比赛中打不出好球，尽是些地滚球。以毒舌闻名的纽约媒体立刻给他扣上了"地滚球之王"的帽子，并对其口诛笔伐。某次采访时，一位日本记者问他："媒体这么说你，你就不介意吗？"松井秀喜淡定地回答："完全不介意。毕竟我管不了记者写什么。我不太关注自己控制不了的事情。"

可见松井秀喜很清楚，对无法控制的事情感到愤怒或焦虑只会影响自己在赛场上的表现，所以他只关注那些自己能控制的事情，比如每天的击球练习和其他训练，以获得更理想的成绩。

在现代社会，越来越多的人纠结自己在社交平台上的声誉，因为别人说的话而焦心，被自己无法控制的事情牵着鼻子走。我们大可向松井秀喜学习，把"我管得了的事情"和"我管不了的事情"分清楚，心态就能轻松许多，也就不至于为一些无谓的小事而生气烦恼了。

要有主动"驯服"杏仁核的意识

愤怒情绪的升级与大脑中的杏仁核过度亢奋有关。

我们不妨把杏仁核想象成一匹烈马。当杏仁核过于亢奋，表现出要大闹一通的迹象时，我们就要对它说："吁——吁——稳住！"让它冷静下来。

有了这种驯服杏仁核的意识，就能在很大程度上防止怒气飙升。

只要彻底驯服这匹烈马，就能避免在不必要的时候生气发火。

这种客观地把握思维与行为，对其进行评估、修正与控制的方法被称为"元认知"。

简单来说，就是监测并检查自己目前所处的状态。养成习惯后，你就能在即将发怒时冷静观察自己的处境，妥善控制情绪。如果你有生气时难以自控的倾向，有意识地进行这种"自我监测"以控制怒气和亢奋就是个不错的办法。

调整上网习惯

→ 如何应对社交平台上"进化的愤怒"

如今，在可以匿名发帖的社交平台上，用过激的言辞批评、诽谤他人的情况并不罕见，愤怒情绪特别容易失控。

这种"线上的愤怒"与在现实的人际关系中产生的愤怒略有不同，其最大的区别在于"线上的愤怒"会基于社交平台自行扩散、传播，并升级、发展。

我们也需要像处理现实生活中的愤怒一样，巧妙地处理这种"线上的愤怒"。下面就给大家介绍几个实用的技巧。

不要在晚上发怒气冲冲的邮件

不知大家有没有听过这样一种说法：晚上写的情书，

第二天早上最好检查一遍再寄出。我们的情绪在夜间往往处于感伤状态。在这种状态下动笔，难免会写出肉麻的句子，自己事后看了都很尴尬。因此要在第二天早上恢复冷静模式之后再读一遍，然后再寄出去。其实这个道理也适用于电子邮件。

不过话说回来，为什么人在早晚的时候情绪状态会有所不同呢？

这与人体的自主神经有关。众所周知，自主神经系统在上午处于"拼搏模式"，由交感神经主导。但随着时间的推移，副交感神经逐渐占据优势，让人切换至"放松模式"。情绪也会随之发生变化。

在交感神经占主导地位的上午，大脑倾向于有逻辑、冷静地判断事物。可到了傍晚和夜间，副交感神经就占据上风，于是大脑会变得情绪化，更容易钻牛角尖，做出的判断也更容易受当时的情绪影响。

大家需要注意的是，大脑在处理愤怒情绪时，不同时间段里的应对模式也会有所不同，大致如下：

> 上午：交感神经占主导地位（冷静、逻辑性强、淡定）
>
> ➡ 可以冷静处理生气、愤怒、不满等负面情绪
>
> 傍晚和夜间：副交感神经占主导地位（情绪化、多愁善感、钻牛角尖）
>
> ➡ 负面情绪容易升级

换句话说，大脑在上午是比较冷静的，此时我们往往能够冷静地处理生气、愤怒等负面情绪。然而到了傍晚与夜间，大脑比较情绪化，生气、不满等情绪很容易被放大，进而迫使我们将其表现出来。

大家不妨设想一下，假设你为了替同事"擦屁股"，不得不加班到深夜，心不甘情不愿，对同事的怨气越来越大，一时冲动，就在邮件里写了一长串抱怨和牢骚，还点了"发送"。又比如，你工作不顺、情绪低落，却不得不在深夜处理客户投诉，结果说着说着就发了脾气，对重要的客户大吼大叫。是不是有画面感了？

因此，我们最好不要在晚上做任何容易感情用事的工作。特别是在夜里写邮件的时候，需要格外注意。因为钻牛角尖的情绪很有可能会失控，让你写下不该写的，或使

用特别情绪化的言辞。如果就这样发出去，恐怕会造成无法挽回的后果。

另外，半夜逛网店的时候，我们也很容易买下并不需要的东西，或者一不留神买太多，其中的原理也是一样的。人的大脑一到晚上就容易受欲望的驱使，让我们轻易点击"购买"按钮。

总之，晚上写的邮件最好在第二天早上检查一遍再发。半夜放进购物车里的东西，也最好在第二天早上再度确认后再购买。这么做能省去许多不必要的麻烦，也不容易事后后悔。建议大家养成这种习惯。

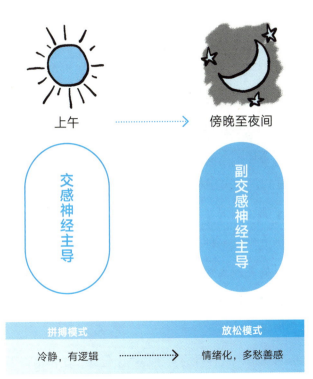

上午 ·········► 傍晚至夜间

交感神经主导

副交感神经主导

拼搏模式	放松模式
冷静，有逻辑 ·········►	情绪化，多愁善感

不要深夜在社交平台上发帖

如前所述，生气、愤怒、不满等负面情绪容易在夜间升级。而这种倾向在深夜体现得尤为明显。因此深更半夜在社交平台上发帖也是需要我们高度警惕的行为。

如今的社交平台上，满口脏话、诽谤中伤的情况并不罕见。由于发言都是匿名的，几乎不会被追究责任，有一部分人的言辞往往偏尖锐，而到了深夜，这类发言就很容易进一步激化。正所谓"来而不往非礼也"，被抨击辱骂的人也会还以颜色，于是便很容易发展成"口水战"。

对于那些整天在网上骂人的"喷子"来说，可能用言辞攻击别人就是一种缓解压力、发泄挫折感的方式吧。如果说通过痛骂他人感到畅快，就能满足自己内心的攻击冲动，那么这类人就是通过在社交平台上泄愤来控制自己情绪的。

但问题是，这种行为实在称不上健康，更不值得倡导。

半夜三更在社交平台上慷慨激昂会导致神经亢奋，难以入睡。这不仅会使人出现睡眠障碍，还会影响内分泌，导致自主神经系统失衡，进而降低对身心各方面的掌控力度，引起种种不适。

因此，若想保持健康的身心节律，别在深夜发帖才是明智之举。

实在想参与讨论，那就等到上午再说。这个时候的大脑更加清醒，不容易怒火中烧，感情用事。

而且第二天早上再用冷静、清醒的视角去分析那些言辞过激的匿名对话，你就会有不同的感受。你八成会纳闷：这群人到底在争什么啊？我怎么就发了这种帖子？

在社交平台上将情绪调低两个等级

近年来，微博、微信、抖音[1]等社交平台的用户数量直线上升，许多人都很关心别人对自己发的东西作何反应。为迟迟得不到回复而烦躁，成天纠结内容的浏览量和点赞数，为别人的回复时喜时忧……想必很多读者都有过这样的经历。

1　此处内容已结合国情做本土化处理。

我建议大家在社交平台上别太纠结于他人的反应。毕竟他人的言行是我们无法掌控的。时刻被自己无法掌控的事情扰乱心绪，牵着鼻子走，总有一天会疲惫不堪。

因此，大家要有意识地提醒自己：不要陷得太深。

为此，我建议在使用社交软件时将情绪调低两个等级。假设"超级开心""气炸了""难过得要死"是 5 级，那就提前把情绪下调到 3 级。如此一来，就可以有效防止情绪过激。

在这种状态下，就算他人反应平平，你也能坦然接受，告诉自己"也就这么回事吧"。对他人反应的期望值也会相应降低，所以哪怕得不到他人的赞赏，你也不至于特别难过。

提前调低情绪等级还有一个好处：有人挑衅找碴儿时，你也不会一点就炸了。

"这么无聊的东西也敢发出来，脸皮够厚的啊！"——即便对方如此挑衅，你也能左耳进右耳出，最多回一句"多谢建议，再见"。这样就不至于激化矛盾了。

在社交平台上，喜怒哀乐往往会被放大数倍，所以我们要有意识地让情绪保持在"平静模式"。以"稍低一点的情绪热度"交流，更有助于保持冷静。

睡前大忌

如今，越来越多的人从早到晚拿着手机，甚至连吃饭、上厕所的时候都要"争分夺秒"玩一会儿，终日盯着手机屏幕。

然而，玩手机到深夜是一种需要警惕的习惯，因为这样很容易导致睡眠问题。这里所说的睡眠问题不仅限于熬夜造成的睡眠不足。手机屏幕发出的光线十分强烈，夜间暴露在过多的光线下，人体分泌的褪黑素（有助于产生困意的激素）就会减少，导致出现难以入睡、睡眠变浅等症状。

而长期睡眠不足或睡眠质量差，会对大脑的功能造成重大影响。

要知道，大脑的运转离不开睡眠（休息）。晚上没睡好，第二天起来便会有种晕晕乎乎的感觉，这正是因为疲劳尚未消除，大脑就被迫进入了工作状态，所以整体运转速度较低。

无法通过睡眠获得足够的休息，大脑的各项功能（包括注意力、记忆力、学习能力、求知欲、创造力、沟通力）都会下降。情绪控制能力也可能受影响，人在这种状态下更容易发怒，情绪失控。

因此，如果你发现自己变得暴躁易怒了，一点儿小事都能让你心烦意乱，那很有可能是因为你天天熬夜玩手机，没有睡好。换句话说，也许是手机干扰了你的睡眠，导致大脑功能低下，失去对愤怒情绪的控制。

遇到因沉迷手机而出现身心问题的患者，我都会建议他们至少要做到不躺在床上玩手机。毕竟对于玩手机上瘾的人来说，一下子大幅减少用在手机上的时间未免有些强人所难，但只要戒掉睡前躺在床上玩手机的习惯，睡眠往往就能有一定的改善，情绪也会变得更加稳定。

如果你也是"机不离手一族"，不妨实践看看。

网络时代的愤怒处理技巧

● **不要在晚上发怒气冲冲的邮件**

第二天早上务必再检查一遍

● **不要大半夜在社交平台上发帖**

实在要发，就等到第二天上午

● **在社交平台上将情绪调低两个等级**

有意识地保持冷静

● **睡前别玩手机**

否则会影响人体分泌睡眠激素"褪黑素"

理解男女迥异的生气模式

→ 如何避免因与伴侣产生分歧而生气

男性和女性在生气方式上存在一定的差异。男女的激素分泌和大脑的运转方式略有不同，这便导致了愤怒的表达方式和感知方式的不同。

事实告诉我们，两性在这方面存在不可忽视的医学差异。

男女时常产生分歧，一点儿小事也能引发争吵。如果情侣或夫妻双方都能深入理解"生气方式的性别差异"，也许就能有效避免争吵了。

我素来认为，了解男女在生气方式上的差异，并在和异性打交道的过程中充分运用这些知识，也是愤怒管理的重要组成部分。

女性的愤怒大多难以快速消除，男性的愤怒则多为冲动

性激素对两性生气方式的差异造成的影响最大。其中影响力最大的莫过于雌激素和睾丸素。先大致讲讲这两种激素会造成什么样的差异吧。

众所周知，雌激素是影响女性身心状态起伏的关键，也跟皮肤、头发等的状态息息相关。但雌激素的作用不止于此。研究显示，女性比男性更长寿、更耐痛、身体更柔软，也得归功于雌激素。因为女性要经历分娩这一人生大事件，所以她们的身体被设计成了能够承受疼痛并保持柔韧的构造。

此外，雌激素还能作用于大脑的海马体，改善记忆力。雌激素的这种提升记忆力的作用在什么场合最容易被激活呢？

答案是**发生与男女关系相关的难忘事件时**，如恋爱、约会、性爱、结婚、怀孕生子等。在这些场合，女性会分泌大量雌激素，增强记忆力。这就是为什么女性对琐碎的细节记忆特别深刻，比如"第一次约会时对方穿了什么图

案的衣服""婚礼当天朋友为自己唱的歌的歌词""怀孕时丈夫对自己说过的话"等。

但问题是，女性记住的不一定是"好事"。"与丈夫吵架的细节""得知丈夫出轨时受到的打击"……女性连这些都记得清清楚楚。事实上，这些令人不快、愤怒的记忆反而会更深刻地烙印在女性的脑海中，让人毕生难忘。

因此，女性的愤怒是扎根在脑海里的，很久都无法消失。吵架的时候，她们会提起男方早就忘得一干二净的旧账，没完没了地埋怨。而且她们担心"丈夫或恋人可能会犯同样的错误"，进而产生猜疑对方的倾向。这也是受雌激素的影响所致。在有"前科"的男同胞们看来，雌激素的这种作用实在麻烦得很。

而睾丸素是一种雄性激素，可增强人的攻击性、性欲、控制欲和竞争意识。它还与冲动有关，据说那种"一点就炸"、一发脾气就动用暴力的人往往睾丸素水平偏高。

雌激素带来的愤怒非常持久。相比之下，睾丸素带来的愤怒更像是"一时之计"。在与敌人作战或与对手竞争时，男性更倾向于一次性发出冲动的、强烈的愤怒。

特别是睾丸素水平高的男性，他们有强烈的竞争欲望，想要"高人一等"，想"主宰他人"。为了满足这种欲望，他们更倾向于通过大吼大叫而震慑到他人。在男女关系中，他们有可能会冲动地对伴侣抬高嗓门。

换句话说，突然暴怒、大吼大叫与睾丸素有一定的关系，主要受"想赢""想出人头地""想主宰他人"的念头驱动。男女都会分泌睾丸素，但男性的睾丸素水平更高，所以他们从小就受到了上述念头的影响。

男女"不在一个频道"，女性追求共情，男性追求解决问题

男女之间的矛盾往往始于"不在一个频道"。

假设一对情侣已经在一起三个多月了。女生想听听男友的声音，就给他打了电话。谁知男友对"打电话过来的理由"刨根问底起来。得知对方并没有什么重要的事情，他便说："那你打什么电话啊！没事我就挂了啊！"……不难想象，女生肯定会生气地说："你根本就不懂我的心！"

听到这话，男友搞不好也会恼火，说："你莫名其妙生什么气啊！"

不难看出，**女性总是在追求共情，而男性则追求解决问题。**

女性在谈话中寻求的是"共鸣"，而男性关心的却是"解决方案"和"结论"。换句话说，女性只是希望对方对"我想听听你的声音"这一想法产生共鸣罢了。只要对方表现出共情，认真倾听，她们就心满意足了。可男性非得打听出"对方打电话过来的理由"不可，不把问题解决，得出结论，就浑身不舒服。所以他们才会无视女方的期望，摆出这样的态度："既然没有什么事情，就不要给我打电话了。"

长期"不在一个频道"，双方都会越来越烦躁，越来越生对方的气。为了避免这种情况，女性需要了解男性"解决问题脑"的特征，而男性也需要理解女性"共情脑"的特征。在此基础上相互让步，相互尊重，才能确保沟通的顺畅进行。

"爱情激素"和"憎恨"之间微妙的关系

近年来，一种叫"催产素"的激素引起了广泛的关注。

催产素能让大脑感知到爱与依恋，提升信任感和亲近感，加强人与人之间的联系。因此它也被称为"爱情激素"或"依恋激素"。

与亲近的人皮肤接触，或在同一空间长时间共处时，人体就会分泌催产素。男女都会分泌这种激素，但研究显示，女性的催产素分泌量比男性多得多。催产素在分娩时的分泌量尤其大，也有促进产后母乳分泌的作用。另外在性生活期间，人体也会大量分泌催产素，据说它还能加强人体"想要触摸对方"的欲望。

不过催产素不单单与爱情挂钩，也**有助于增强仇恨、嫉妒等负面情绪。**

正如"爱憎"一词所示，爱与恨好似硬币的正反面。爱得越深，当对方背叛这份爱与信任时，我们产生的恨也就越强烈。而这种"憎恨"就是由催产素促成的。

从愤怒管理的角度来看，这种"因爱而生的恨"是很难控制的，毕竟爱上一个人是不受个人意志左右的。但只要足够小心，就可以防止恨意膨胀与扩散。

为什么吵架时总是女性占上风，男性则沉默不语

夫妻或情侣吵架时，赢的往往是女性。因为女性的大脑更善于运用语言，能连珠炮似的抛出一句又一句。就算男性有心反击，组织语言也更费时间，只能断断续续地往外蹦词，自然敌不过女性的"机关枪"。

美国华盛顿州立大学的名誉教授约翰·戈特曼多年来致力于亲密关系的研究，尤其是两性在沟通上的差异问题。他有一项专门针对"在夫妻争吵中被逼到走投无路的男性会陷入何种状态"的研究，我想借此机会为大家稍作介绍。

遭到女性机关枪般的扫射后，男性无力反抗，陷入劣势，一筹莫展。而局面越是糟糕，他们说的话就越少，最后干脆闭口不言，彻底无视女性的进一步追击。此时，他们的自尊心遭到粉碎，尽管留有"我要反击""岂有此理"这样的攻击性情绪，却被迫陷入了只能沉默、无视对方的局面。

研究还显示，随着争吵的升级，男性的心率会急剧上升。而且只有当心率超过 100 时，男性才会采取"沉默""无视"等行为，此时人体会分泌大量肾上腺素，导致血流加快，血压上升，使人无法静下心来听对方说话，想说话也说不利索。

如果吵架进一步升级，导致心率继续上升，许多男性会突然走开，离开"多事之地"。换句话说，就是背对敌人逃跑了。

在本书的开头，我曾提到过动物在危险迫近时只可能有两种选择，要么"战斗"，要么"逃跑"。在上述场景中，男性也是意识到了"我敌不过她"，于是选择了"逃跑"，避免与女性"战斗"。

不过话说回来，男性不得不做出这样的"终极选择"，也能从侧面体现出他们感到自己遇到了相当严重的危机。在我看来，无论争吵的原因是什么，都没有必要把男性逼到这个地步。

因此，当男性在吵架中变得沉默寡言时，请各位女性朋友及时认识到"是时候收手了"，停止"进攻"。

掌握重拾冷静的方法

→ 提前开发几种调整心情的方法，避免情绪激动

　　保持冷静是管控愤怒情绪的关键。

　　"只要这么做，我就能恢复冷静。"

　　"无论碰上什么事，只要用这招，我的心情就能平静下来。"

　　提前开发几种适合自己的方法，就能在怒气升温前及时找回平常心，冷静对待。

　　下面就介绍几种最具代表性的技巧，以帮助大家在关键时刻重拾冷静。请大家选择最适合自己的，借助它们及时调整心情。

抬头望天，恢复冷静

当怒气上涌、焦虑烦躁时，不妨抬头望望天空，平复一下情绪。不同于人世间的喧嚣吵闹，无垠的天空总是宽广的、平静的。

诗人吉野弘有一首题为《争斗》的作品，其中有这样一段：

> 仰望青天
> 青争正酣[1]
> 气势磅礴
> 静寂无声

"静"这个字就是由"青"和"争"组成的，不是吗？也许怀着这样的心情抬头望天，躁动的心就会平静下来，恢复镇定。

1　日文原文为"青が争っている"，意为各种蓝色争相斗艳。

数会儿数，尝试"小迷信"

"紧张、焦虑的时候，就在手心里写三遍'人'字，然后把字吞下去。"——想必不少读者在日剧里经常见到这种土办法。

这听起来似乎很不科学，但不少人确实能借助这样的"小迷信"进行自我暗示，让自己平静下来。倒也不是非得在手心里写三遍"人"，只要提前准备好几种有助于恢复平静的"咒语"或"小迷信"，到关键时刻就能派上用场。这其实是一种自我暗示："只要默念这句话，我就能攻克难关。"

喜欢数学的朋友可以在心中依次默念质数，或者背诵圆周率。职业棒球迷可以复习自己支持的队伍的球员分别叫什么名字，穿几号球衣。地铁迷可以背站名。总之，在情绪即将爆炸的关键时刻默念这些，就等于是在跟自己强调："不要紧，我还很冷静！"

三十六计，走为上计

这个方法确实老套，但效果立竿见影。

贸然坚持抵抗，反而有可能陷入对自己不利的局面，搞不好会踩到更多"地雷"。**不妨干脆先离开是非之地，冷静复盘，然后再考虑下一步该怎么做。**

听一听、看一看能平复心情的东西

想必不少读者的手机壁纸是自家孩子或宠物的照片。在心烦意乱、怒气上升时看看这些照片，就会有心情被治愈的感觉。因此我建议大家提前备几件"看了就能恢复平静"的"法宝"，在关键时刻帮助自己重拾镇定。

"法宝"的形式不局限于照片。如果看"深海鱼悠游的视频""猫狗的可爱视频"能让你平静下来，就在手机上收藏一下，视情况翻出来看看也不错。

我们也可以准备几件中意的"调节心情利器"，比如"用力捏这款压力球，心情就能平静很多""用这条手帕擦拭额头，就能恢复冷静"。

在手机或平板电脑上收藏几首爱听的歌曲也是个好主意。建议大家提前进行自我暗示："只要听这首曲子，我就能平静下来。"

总之，**建议大家准备几件有助于平复心情的东西**，照片、视频、音乐或解压的小玩意儿都行。

吃一点甜食

感到愤怒、烦躁、焦虑或沮丧时，就往嘴里塞点甜食，比如糖果或巧克力。这也是一种经典且行之有效的心情调节方法。

人体吸收糖类的速度非常快，所以吃下甜食后，葡萄糖会迅速抵达大脑，**为大脑带来暂时的满足感，帮助我们恢复平静与镇定**。不仅如此，吃甜食还有助于提升血清素的分泌量，进而稳定心情。

因此，大家不妨在包里放一些糖果或巧克力，作为防止思想和情绪失控的"应急口粮"。找到一台自动售货机，买一罐甜甜的饮料也是个好办法。

不过，频繁摄入甜食会导致肥胖，所以请大家务必遵守这条原则：只在遇到烦心事、情绪即将失控时来一口。

重拾冷静的技巧

- 抬头望天
- 数会儿数，尝试"小迷信"
- 三十六计，走为上计
- 听一听、看一看能平复心情的东西
- 吃一点甜食

提高血清素的分泌量

→ 打造不容易烦躁的体质

如前所述，血清素是一种重要的脑内物质，在保持情绪稳定方面起着重要作用。众所周知，缺乏血清素会让人更容易感到焦虑和低落，进而患上抑郁症。

不仅如此，血清素水平低下还会让我们因为一点儿小事而惊慌失措，火冒三丈，心烦意乱……而且难以控制烦躁、沮丧和愤怒等情绪。

因此，为了妥善管控情绪，我们需要确保血清素的稳定分泌。在本节中，我会为大家介绍几个在日常生活中提升血清素水平的方法。

借助"光"调节生活作息

可以毫不夸张地说，促进血清素分泌的关键是"光"。"在早晨沐浴阳光"这点尤其重要。

早晨的阳光就像唤醒大脑的开关一样。沐浴阳光会使人体分泌大量血清素，从而激活大脑。换句话说，晨光带来的刺激能促进血清素分泌，帮助我们活力充沛地迎接新一天的生活。

而血清素的大量分泌又有助于人体在白天以血清素为原料合成睡眠激素"褪黑素"。褪黑素的分泌量在人体沐浴晨光后约 15 个小时会增加，从而引发自然的困意。这么算下来，只要养成早上 7 点沐浴阳光的习惯，到晚上 10 点左右（即 15 个小时后），褪黑素的分泌量就会增加，于是人就会犯困。

在褪黑素的作用下自然入睡，睡眠质量便有了保障。第二天早上神清气爽地起来，再次沐浴阳光，激活血清素分泌。其实改善血清素分泌的关键，就在于"规律的生活作息"。

问题是现代社会有太多因素妨碍我们过上有规律的生

活。尤其需要引起注意的是熬夜外加暴露在"强光"之下。要知道，夜间被强光照射会抑制褪黑素分泌，使人难以入睡，影响睡眠质量。而这些睡眠问题往往会导致早上起床困难，进而打乱生活节律，干扰血清素的分泌。

因此，我们最好避免在夜间暴露在"强光"之下。房间的照明灯最好不要太亮。电脑和手机屏幕的光线也不容小觑，所以夜间还是少用这类设备为好。在上一节中，我也劝大家别躺在床上玩手机，说得再具体一些，就是尽量避免在睡前一小时内看这类设备的显示屏，以休闲放松的状态度过为好。

总的来说，每天的血清素分泌量在很大程度上取决于你如何控制早晨和夜间沐浴到的光。在我看来，为了稳定情绪、控制情绪，我们都需要高度关注早晚的光照环境，调节生活作息。

总之，想要管理好愤怒、焦虑、沮丧等负面情绪，离不开严格管理早晚光照环境的生活习惯。

沐浴早晨的阳光，调整一天的作息

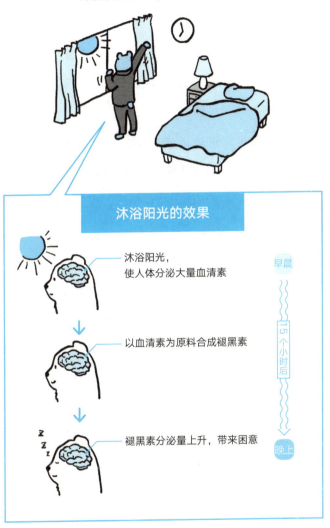

沐浴阳光的效果

沐浴阳光，
使人体分泌大量血清素

以血清素为原料合成褪黑素

褪黑素分泌量上升，带来困意

早晨

15个小时后

晚上

早晨散步

快节奏地活动身体也有助于促进血清素分泌。摆动四肢的规律运动最为有效，而散步就是其中最具代表性的一种。

想通过散步促进血清素分泌，一定要做到两点——"速度快"和"有节奏地迈腿"。条件允许的话，最好快走15～30分钟。如果是与他人结伴散步，保持"可以边走边聊"的速度为佳。

如果你想让散步成为日常生活的一部分，不妨每天上班时多走一站路。因为早上通勤的时间段恰好与血清素水平上升的时间重合。起床后充分沐浴阳光，用过早餐之后以快速而有节奏的步伐走到车站——只要养成这种习惯，就能切实有效地增加血清素的分泌量。

多吃肉，提升抗压能力

不知大家有没有这种感觉：一吃肉，人就有了精神，抗压能力仿佛也提升了。其实这是有原因的。

肉类富含一种名为"色氨酸"的人体必需氨基酸，而色氨酸是合成血清素的原料。所以**多吃肉有利于人体合成血清素**。血清素水平升高有助于稳定情绪，提升对焦虑和压力的抵抗力。因此，吃肉会让人产生心理承受能力变强的感觉。

除肉类外，鱼类、奶酪、牛奶、蛋类和豆类也是色氨酸的重要来源。总之，要均衡饮食，以免体内缺乏血清素。

为什么女性在冬季容易心情烦躁

各位女性读者不妨回想一下，每当进入冬季，自己是否会陷入莫名的悲哀与郁闷之中？

其实这是一种出现于冬季的"小抑郁"，俗称"冬季抑郁症""季节性情绪障碍""冬季忧郁"。症状包括悲伤、寂寞、烦躁、失去动力。绝大多数患者为女性。她们因渴望甜食而导致暴饮暴食，怎么睡都睡不够，终日困倦嗜睡。甚至有人因为吃得多、睡得多而日渐发胖，自暴自弃，以至于闭门不出。

上述问题往往始发于日照时间开始变短、寒风四起的深秋时节。在寒冷的冬季，这种郁郁寡欢、浑身不适的感觉会持续很长时间。但到了春暖花开、阳光灿烂的季节，这一系列的症状往往会自行缓解。而且这种模式会年复一年。

为什么症状只在冬季出现？最有说服力的观点是"日照时间缩短导致人体内缺乏血清素"。

血清素的分泌与日照密切相关，当白昼变短，接触阳光的时间减少时，血清素的分泌量就会下降。

此外，受月经周期的影响，女性的血清素分泌量并不稳定，身体往往呈现出缺乏血清素的倾向。简言之，**女性体内的血清素水平本来就低，冬季日照时间缩短更是雪上加霜，进一步加剧了血清素水平低下与情绪不稳定。**

因此，女性朋友们要尽量避免血清素的缺乏，特别是在冬季。建议大家过有规律的生活，多做有节奏的运动，多吃肉。

秋冬两季要有意识地多晒太阳，在阳光明媚的日子去阳台、院子或公园的长椅上舒舒服服地晒晒太阳，心情定能舒缓许多。

一部分医疗机构会通过药物或照射人造光来提升血清素水平。如果你的症状比较严重，不妨找医生咨询一下。

借助"假笑"纾压

为避免血清素缺乏，每天纾解压力，不把郁闷攒在心里也同样重要。

而我最推荐的最简单的纾压方法是"**每日一次哈哈大笑**"。大笑有助于扫清心中的阴霾，让心情愉悦起来。这是因为大笑可以减少压力激素"皮质醇"的分泌量。

而且开怀大笑离不开深呼吸，而人体能通过深呼吸摄入大量氧气。充足的氧气供给能让头脑焕然一新，重拾活力。

不仅如此，"笑"还有激活大脑的功效。笑的时候，控制表情的面部肌肉高频运动，而这种刺激会通过面部神经到达大脑。

研究结果显示，**连"假笑"都有刺激大脑的效果**。因此当你烦躁、愤怒时，扬起嘴角假笑两声，也能让大脑受到刺激，缓解压力。

"笑"的功效就是如此之大。

看看电视或视频网站上的搞笑节目，和亲朋好友天南地北地聊聊天，也同样有效。

如何提高血清素分泌量

- 早上沐浴阳光，晚上避开强光
- 早晨走去车站或地铁站
- 多吃富含色氨酸（血清素原料）的肉类等食物
- 冬季日照时间短，女性朋友须谨防血清素不足
- 每天至少大笑一次

通过身体感觉控制怒气
→ 调节行走、呼吸、肌肉和自主神经

改变思维习惯和行为模式并非控制愤怒情绪的唯一手段，**从身体入手同样可以掌控自己的情绪。**

在本节中，我们将重点探讨通过身体感觉来控制愤怒情绪的技巧。

慢慢走，慢慢动

现代人总是忙忙碌碌，行色匆匆。大家感到沮丧、烦躁的时候，可能也会不自觉地加快行动的节奏。

然而，在生气、烦躁、焦虑等负面情绪袭来时以快节奏行动，很容易导致情绪加速升级，不断膨胀。

尤其需要注意的是行走的速度。

人的行走速度与自主神经密切相关。走得越快，交感神经就越兴奋，反之则会切换到放松模式，副交感神经占主导地位。这便意味着**在感到愤怒、急躁或焦虑的时候有意识地降低行走的速度，就能刺激副交感神经，有助于放松心情**。因此，心烦意乱、情绪不稳定的时候，尤其需要提醒自己"慢慢走"。

觉得心中的烦躁与怒气快要爆发了，不妨试着慢慢走，慢到跟慢动作镜头差不多。如此一来，心情就会平静许多，重归镇定。

通过呼吸调节自主神经

在调节自主神经的种种方法中，呼吸大概是最简便易行的方法了。顾名思义，自主神经本就很难刻意控制，但我们可以通过调整呼吸的速度实现一定程度的调控。

浅而快的呼吸会使自主神经进入交感神经主导的兴奋模式，慢而深的呼吸则能使自主神经切换至副交感神经主导的放松模式。

因此，当因忙碌而心烦意乱时，或因事事不顺而灰心丧气时，又或对眼前的人火冒三丈时，我们都可以**刻意深呼吸，使身心迅速切换至放松模式**。

副交感神经占主导地位不仅有平缓身心的作用，还有助于改善血液循环，降低血压和心率。因此，慢而深的呼吸不仅有益于精神健康，对身体也有一定的好处。

平复身心的肌肉放松法

我们还可以通过放松肌肉舒缓身心。

操作起来非常简单，大家不妨一试。

① 用力耸肩；

② 肩部肌肉尽可能发力，保持耸肩姿势 15 秒；

③ 瞬间放松，一下子放下肩膀。

怎么样？有没有一种肩颈肌肉被瞬间解放、一身轻松的感觉？

肌肉放松法

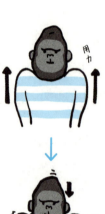

Step 1

用力耸肩。

Step 2

肩部肌肉尽可能发力，
保持耸肩姿势 15 秒。

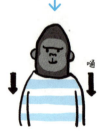

Step 3

瞬间放松，一下子放下肩膀。

这就叫"肌肉放松法"，**通过一下子放松紧张的肌肉而达到舒缓身心的目的。**

生气或烦躁的时候，交感神经会高度亢奋，导致肌肉紧张僵硬。而肌肉放松法有助于放松紧绷的肌肉，同时消除紧张情绪。

冷感刺激，提神醒脑

当我们想要表达"摆脱愤怒或亢奋，恢复常态"的时候，通常会说"让脑袋冷静一下吧"。

的确，用冷水洗把脸，或是用冰镇过的易拉罐饮料冷敷额头，让大脑感受到"好冷"的刺激，情绪便会随之改变，我们便会恢复镇定。

当大脑接收到来自皮肤的冷感刺激时，它就会立刻变得清醒，仿佛被人按下了开关似的。这是一扫郁闷与烦躁情绪的有效方法。所以，当你感到愤怒的情绪有爆发的迹象时，可以通过对皮肤施加冷感刺激来使自己平静下来。

另外，在情绪激动的时候，大口喝冷水也有一定的效果。喝水不仅能平复情绪，还有助于改善血液循环，预防心脑血管疾病。

舒舒服服泡个澡，泡完立马上床睡觉

白天在工作中遇到了烦心事，回家后也迟迟无法摆脱愤怒、沮丧和烦躁的情绪……想必很多读者也有这样的经历。遇到这种情况时，不妨舒舒服服泡个澡，调节一下心情。

泡澡的纾压效果非常明显，岂有不用之理？不过，为了收获最理想的泡澡功效，请大家注意以下几点。

首先是水温。水温过高会刺激到交感神经，让人更加亢奋，所以请务必用温水泡澡。建议使用39℃左右的温水泡上20分钟即可。

泡澡时请彻底放松身心。稍微回想一下白天发生的事也无伤大雅，但最好不要太过纠结，尽情享受舒服的感觉才是最重要的。让温暖和浮力将你包裹，好好放松一下吧。

有些人喜欢在泡澡的时候玩手机或者看书。但在烦躁沮丧的时候，还是少用脑为好，最好什么都别想。

想要进一步提升放松效果的话，可以使用浴盐或芳疗精油。它们的香味能直接刺激大脑对嗅觉的感知，更加高效地舒缓紧张了一整天的神经。

泡好之后，请大家尽量在身体还暖和的时候就钻进被子。因为人体的深层体温会在沐浴后逐渐下降，人会自然而然产生困意。在这种状态下入睡，定是一夜好眠。

等到第二天早上睁开眼睛的时候，你也许就会觉得昨天的烦心事也没什么大不了。

事实上，睡眠确实有助于减轻由不愉快的记忆带来的压力。因为大脑会在睡眠期间整理白天发生的种种。在此过程中，不愉快的记忆会被削弱或消除。于是到了第二天早上，你的大脑就会觉得："哎呀，也没什么大不了的嘛。"

因此，你要是度过了糟糕的一天，以至于满心愤懑，最明智的选择就是**舒舒服服泡个澡，泡完立马上床睡觉**。

建议大家合理运用泡澡和睡眠的方法，及时纾解日常压力，避免烦躁在心里日积月累。

自主神经

慢慢走		快快走
慢而深的呼吸	⟷	快而浅的呼吸
用温水泡澡		用热水泡澡

副交感神经主导　←～→　交感神经主导

如何通过身体感觉控制怒气

- 慢慢走，慢慢动
- 慢而深的呼吸
- 用肌肉放松法消除紧张
- 冷感刺激，提神醒脑
- 舒舒服服泡个澡

第 **4** 章

生气也讲究技巧

生气、批评的技巧

磨炼生气、批评的技巧

→ 通过生气帮助对方开发潜能，
而不是止步于责备

　　如前所述，"如何正确地生气"与"如何控制住怒火"是硬币的正反面。善于控制怒火的人，也同样善于生气和训人。正因为他们能控制自己的愤怒情绪，保持冷静，才能在生气或训斥他人的时候采用"平静而不伤人"的方式。

　　换句话说，无法控制愤怒情绪的人在生气时难免会以自我为中心，不考虑对方，长此以往，就很容易伤人，引起他人的反感，使得人际关系产生裂痕。

　　因此，在生气与批评之前，我们很有必要提前掌握一些技巧。

　　在本章中，我将为大家介绍几种简单易行的基本生气技巧。

不可取的生气方式

首先，请大家记住下列几种不可取的生气方式，时刻提醒自己。

✖ 一味地责怪对方

"都怪你！""你怎么会犯这种错误？"……生气时千万不能像这样穷追猛打地责怪对方。

"自己犯下的错误遭到他人指责"是人最容易受伤的时刻。

"生气"的目的并不是指责对方，而是帮助对方修正行为，以期开发出更多的潜能。请大家牢记这一点，尽量避免伤害对方。

✖ 否定对方的存在与人格

批评的对象必须仅限于对方的态度与言行，绝不能上升到存在与人格。

"我们不需要你这样的人。""你成天吊儿郎当的，不犯错才怪！""家长是怎么教育你的？！""你根本不适合这份工作!"——这样生气、发火不仅无法赢得他人的信任，还会在他们心中播下反感的种子，反倒拉低自己的形象。

✖ 以自我为中心

"生气"这种行为的目的之一是帮助对方成长，因此，生气时不能以自我为中心。

有些人会在心情烦闷的时候找人撒气，但这么做无异于把对方当成情绪的垃圾桶。"我的风评都因你而受损了!"——为自己的面子和地位发火就更不可取了。这种自私自利的生气方式无法赢得任何人的尊重与追随。

✖ 拿东西撒气

公开场合拍桌子大吼大叫，狠狠撂下电话，脚踹垃圾桶或手捶墙壁……

"拿东西撒气"也是一种以自我为中心的生气方式。之所以会把气撒在周围的东西或人身上，正是因为他们无法控制住心中的怒火。

他们周围的人肯定胆战心惊，生怕愤怒的矛头会随时指向自己。

不可取的生气方式

- 一味地责怪对方

- 否定对方的存在与人格

- 以自我为中心

- 拿东西撒气

生气的基本原则

对他人发脾气、生气时，请务必遵守以下基本原则。

◎当场生气

看到小朋友伸手去碰危险的东西，家长肯定会立刻严厉提醒道："不准碰！"同理，在对方犯错时，"当场"生气也是最有效的做法。

不过请尽量避免在人多的地方、公共场所或有第三方在场的时候生气。哪怕对方是孩子，当着别人的面挨骂也是一件很难为情的事情，因此请务必注意场合。

◎ 看着对方的眼睛，当面生气

"面对面"是生气的基本原则。看着对方的眼睛，表现出你的诚意，"我在为你生气""我发这么大的火是因为我信任你"，然后冷静组织语言。

在不见面的情况下，通过邮件或其他方式发火、表达愤怒的情绪绝非明智之举。

因为邮件的内容很容易被曲解，引发种种误会，教人追悔莫及，所以请尽量避免在邮件里批评他人。

◎ 设身处地地生气

生气前，大家不妨换个角度设身处地地想一想："如果我是他的话……"

在什么样的场合、用什么样的方式批评，才能让对方心服口服？怎样的批评会让对方难以接受？怎么说才能让对方听进去？什么样的说法会让对方产生抵触情绪，拒不反省？

也许在生气的时候，最重要的莫过于"设身处地"四个字。站在对方的立场上，为对方着想，就能更顺畅地传达你的感受。

对方若能感觉到"他生气、发火是因为他真的关心我"，就更有可能反思自己的行为，做出改进。

生气的基本原则

● 当场生气

● 看着对方的眼睛，当面生气

● 设身处地地生气

一定不能在人前发怒吗

团队领导的工作手册里一般都有这样一条：不要在人前发怒。可以事后将当事人叫到私密的空间，进行一对一的批评。

但我认为这得视具体情况而定。如果整个团队都缺乏紧迫感，领导就很有必要当着大家的面批评一下最懒惰的下属。当你在大家面前严肃发言时，要是有人捣乱插嘴，你也应该当场做出严厉的批评，否则难以服众。

因此，是"在人前发怒"还是"一对一批评"，取决于当时的气氛、具体情况以及对方的性格和为人等。

明确"生气与不生气"的分界线

如果批评的人态度摇摆不定，被批评的人就很难心悦诚服。

每次批评的点都不一样，"上次这么做挨了批评，今天却没有"……长此以往，被批评的人就会永远都搞不清状况。

换句话说，批评的人必须要有"坚定不移的标准"。

生气、发怒这一行为必须做到清晰明确。

"在这种情况下，对方一定会生气。"——有了明确的标准，双方便能心中有数。

因此，大家不妨先明确一下"生气和不生气"的分界线，这条线以内的可以容忍，超出范围了就不行。如此一来，对方就会明确地知道你的底线在哪里（你会在哪种情况下生气），进而防止自己越界。

如果你不擅长生气发怒，也不擅长批评他人，那就更需要提前设定好自己的底线，将其作为判断是否生气的标准。

要求对方回忆造成问题的具体言行

为防止事后追悔莫及，生气发怒时要针对具体的言行，而不是泛泛而谈。

首先，**请务必让对方回忆起"谁在何时何地做了什么事"**，让他们想起自己当时的言行举止。

因为让我们感到不舒服的言行也许是对方下意识所为，所以让对方回忆具体的言行有助于其主动做出调整。

而最糟糕的生气方式莫过于说出这样的话：

"你的方法一无是处。"

"你的基本观念就是错的。"

千万不能说出这种全面否定对方的话。

如何正确传达投诉

从第三方口中得知自己被人投诉时，大多数人都会感到恐慌。

恐慌的最主要原因是"不知道对方的真正意图"。

投诉者是想要赔偿，还是想诉诸法律？他们为什么如此愤怒？种种猜想在脑海中打转。

如果投诉本身是正当且合理的，我们就需要准确地告诉被投诉者希望他们改正什么，以及如何改正。而这个环节的关键依然是**让被投诉者回忆起"谁在何时何地做了什么事"**。

如果投诉者要求赔偿，向被投诉者提供准确的信息也很重要。

批评孩子的方式也要与时俱进

　　许多父母会在对孩子发火之后感到内疚与自责。

　　"批评是为了孩子好，可我刚才的语气是不是太严厉了？""我这样说他，合不合适？有没有更妥当的方式呢？"……为人父母者，多少都有这样的烦恼。

　　不得不说，批评孩子的方式也要与时俱进，就是要根据孩子的不同年龄做出相应的调整。这是因为亲子关系会随着孩子的成长而改变。

　　哺乳动物不同于鸟类和爬行动物，会在下一代出生后贴身照顾，悉心哺育。在这一时期，亲子间主要通过嗅觉和视觉识别彼此。研究显示，人类之间的这种倾向会持续到孩子幼儿园乃至小学阶段。

　　因此，面对初中以下的孩子犯错时，父母一定要直言不讳，并解释大人发火的原因。大人批评时稍微有点情绪化，孩子往往也能接受。

　　但当孩子升入初中后，亲子关系就会发生变化。

　　有几个初中生愿意和父母手牵手呢？他们大多会参加各种社团活动，形成特定的爱好，拥有自己的一技之长，朋友圈也在一定程度上固定下来。

因此，对初中生发火时，要**充分了解他们的处境，选择他们能接受的方式。**也不是说绝对不能带有一丁点儿的情绪，只是过于情绪化的生气方式很容易激起孩子的抵触情绪，效果适得其反。

生气的注意事项

- 避免"不可取的生气方式"
- 牢记生气的三项基本原则
- 充分把握气氛、情况及对方的性格和为人
- 明确"生气与不生气"的分界线
- 要求对方回忆造成问题的具体言行
- 具体传达投诉的真实意图
- 批评孩子的方式要随孩子年龄的增长而改变

掌握释放怒气的技巧
→ 定期纾解压力

　　把愤怒、不满等负面情绪憋在心里可不好。因为长期压抑的愤懑有可能被突然引爆，压力也会导致各种身心问题。

　　因此，定期释放负面情绪非常有必要。下面就为大家介绍几个积极、高效的释放负面情绪的小技巧。

提前找好适合发牢骚的对象

　　找亲朋好友发一通牢骚，顿感神清气爽……不知大家有没有过这样的经历？

　　发牢骚确实是释放脑内压力的有效方法。"抱怨"这种行为有"自我疏导"的功效，因为我们很容易在叙述事件的来龙去脉时认识到压力的原因，厘清思绪，并找到解决问题的突破口。

不过用这一招纾解压力是有前提的，那就是找好适合发牢骚的对象。跟同事抱怨领导，事后有可能产生无谓的矛盾。因此，这个人选一定要细细斟酌，免得横生事端。

建议大家在职场与家庭之外至少找三个可以发牢骚的对象，在其他行业工作的老同学就是不错的选择。

但总是你单方面倒苦水也不行。有时也得听对方诉诉苦，这样才能建立起"高效地互倒苦水"的关系。

把烦心事统统写出来

在工作或生活中感到心烦意乱，难以抑制心中的怒气时，不妨把盘踞在脑海中的愤懑之情统统写出来。

和"发牢骚"一样，以文字形式写下脑海中的愤怒和不满也有自我疏导的效果。换句话说，这么做不仅能以"语言"这一形式发泄积攒在心中的负面情绪，还有下列喜人的"副作用"：

帮助我们看清负面情绪的本质；

帮助我们客观地认清问题的所在；

帮助我们找到解决问题的突破口。

不必写成正式的文章，想到哪里写到哪里即可。

这些负面情绪无异于囤积在脑海中的"垃圾"，像大扫除那样把它们一股脑儿写出来，有助于维持脑内环境的整洁，让人神清气爽。

满足破坏性冲动

火冒三丈时，我们可能会产生难以抑制的破坏性冲动。遇到这种情况时，不妨索性狠下心来毁坏一些无关紧要的、没用的东西，以满足心中的冲动。

举个例子，我们可以把不再使用的碗碟放进购物袋，扎紧袋口（以免碎片飞散），然后把袋子狠狠砸在地上。"哗啦"一声，碗碟伴随清脆的响声四分五裂，心情也能随之畅快许多。

不过请大家务必选择合适的时间和地点，将破坏行为控制在可以接受的范围内，以免打扰家人和邻居。

独自高歌，放声欢唱

想必不少读者有通过唱卡拉 OK 释放压力的习惯。

仅仅是"大声喊叫"，也有助于纾解压力。如果唱的是自己中意的歌曲，那感觉就更妙了，别提有多畅快。卡拉 OK 确实有相当显著的纾压效果。

不过，有他人在场难免会放不开，"一个人唱"才能将效果提升到最大。不必操心选什么歌，也不必介意点歌顺序，唱功再糟糕也不怕。

不妨找一天高歌一番，尽情释放心中的不快吧。

通过运动挥洒汗水

通过体育活动挥洒汗水也有助于纾解日常生活中的

压力。

只要环境和条件合适，就无所谓是室外还是室内的运动项目，哪怕在自己的小房间里、自家的客厅里都行。慢跑、力量训练、击打沙袋……这些都是不错的选择。

这类运动也是在满足内心的破坏性冲动。运动爱好者尤其适合通过定期的运动释放心中郁积的情绪。

有个词叫"跑步者高潮（Runner's High）"。事实证明，激烈运动（如马拉松）会增加大脑中内源性阿片类物质的分泌量，给人以愉悦感。内源性阿片类物质与毒品有一定的相似性，有缓解焦虑和疼痛的作用。

还有研究表明，以 70% 的强度跑步会提升大脑内源性的大麻醇类神经传导物质的水平，从而改善心情。

美餐一顿也有意想不到的效果

烦躁时享用一顿自己喜欢的美食，也能让我们平息心中的怒火，不是吗？这是因为大脑受美食刺激后会分泌多巴胺等"快乐物质"。肠胃也会在食物的刺激之下加快蠕动，促使注意力从愤怒转向饮食。

不仅如此，享用美食会让自主神经从交感神经主导的模式切换到副交感神经主导的模式，于是人就能从紧张亢奋的状态切换到放松平静的状态。

饮食的种种作用，往往有助于舒缓愤怒与烦躁的情绪。

大多数人通过实际经验得知，吃东西能平复心中的怒火与烦躁。所以，在工作中遇到不顺心的事，或因失恋一蹶不振的时候，他们便会想："哼，我要美美地吃上一顿，把烦心事统统忘掉！"

有时候，**暴饮暴食也有一定的纾解压力的效果。**

不过每次遇到压力都暴饮暴食，体重肯定会直线上升。因此，我并不建议大家将暴饮暴食作为情绪管理的常用手段。适量饮食、吃好吃开心是基本原则。

释放怒气的技巧

- 提前找好适合发牢骚的对象

- 把烦心事统统写出来

- 通过砸不再使用的餐具等，满足破坏性冲动

- 一个人唱卡拉 OK，用歌声释放压力

- 通过运动挥洒汗水

- 美餐一顿

磨炼不激怒他人的技巧
→ 防"怒"于未然

最后，我想再给大家介绍几个防止激怒他人的技巧。

跟一个生气的人沟通，难免会你呛一句，我跟一句，连自己都越说越火。对方越气，你就越坐不住。到头来，两边都是火冒三丈，不知道会做出什么让人追悔莫及的事情来。

最好的方法还是苦练沟通技巧，尽可能不激怒对方。

其实怒火的强弱与你的措辞密切相关。有时只要说错一句话，就能激怒别人；稍微辩解两句，表现出不服气的态度，就会让对方暴跳如雷。

但只要掌握正确的沟通技巧，就能让对方的怒火保持在"小火苗"的状态，不至于迅速升级。下面就是一些防"怒"于未然的基本技巧。

容易激怒他人的 6 种类型

容易激怒他人的人，其整体态度往往存在一定的问题。在日常的工作与生活中，尤其需要注意以下 6 类人。

1. 把"可是""还不是因为"挂在嘴边的人

"找借口"的态度很容易激怒别人。

如果你频频使用"可是""还不是因为"等带有辩解、反驳色彩的语句，对方怕是每听到一次都会心头一跳，越发生气。所谓的"投诉狂"对此特别敏感，请务必避免使用这类带有辩解色彩的语句。

2. 喜欢显示自己高高在上的人

"我是为了你才 ××""我好不容易帮你 ××"……这种说法显得自己高高在上，也很容易激怒对方。对方会产生这样的感觉："你算哪根葱啊!"习惯于使用大量专业术语，炫耀学识，动不动就说"啊? 你连这都不懂啊"的人也要格外小心。

3. 不会察言观色的人

不懂察言观色，把握不好谈话的方向，冷不丁来一句"啊？现在说这个干吗"，在别人发言的时候随便插嘴……这种"拎不清"的人也很容易激怒他人。因为对方会觉得无法与这个人沟通，产生烦躁情绪，最终导致愤怒情绪的产生。

4. 喜欢"踢皮球"的人

一件事情要"转战"多个部门，对接人换了又换……碰到这种"踢皮球"的情况，换成谁都会心烦气躁，真想大吼一声："到底谁能解决这个问题？！"因为等候时间过长而发火也是常有的事，所以千万不能不仔细聆听对方的叙述，就把电话转接给别人，也不能一直把人撂着不管，自己跑去征求领导的意见。凡事都要设身处地想一想，推己及人。

5. 逻辑混乱的人

不按逻辑把事情梳理一下，而是想到哪里说到哪里，漫无边际。语无伦次，叙述缺乏连贯性，变来变去。这类人也不善于倾听，往往只顾自己说，这就很容易招致对方的不满和愤怒。

6. 照本宣科的人

这类人认为，只要照着公司制订的工作手册去办就不会有问题。但这样的应对总归是千篇一律的，显得不够真诚，容易让人产生"他表面上很有礼貌，实际上却没把我放在眼里"的感觉。这种机械而冷冰冰的态度很容易激怒对方。

看到这里，大家可能已经注意到了，这几类人的沟通都偏"单向"，都以自我为中心。这种自私自利的言行与态度特别容易招来愤怒和怨恨。

健康的沟通显然应该是双向的，要实现意见与心意的互通。我们应该认真听取对方的意见，充分考虑对方的立场。遇到问题时，也许我们需要先反思一下自己有没有忽略这个最基本的原则。

用恰当的语气和音量说话

许多人都忽视了"声音"在沟通中起到的作用。

野生动物发现天敌时会发出尖锐的声音警告同伴，会咆哮着威胁出现在面前的敌人。响亮而尖锐的声音是动物的关键自保手段，许多动物都会对同类的这种叫声做出迅速的回应。

人类也不例外。因此，当听到别人怒吼时，我们会下意识地紧张起来，心想："出什么事了？"对方的怒吼也很容易让我们的情绪升级。这些都是我们对"声音"做出的本能反应。

换句话说，人的情绪很容易受对方的语气、音量所影响。你用烦躁的语气说话，对方也会跟着烦躁。反之，如果你的语气平和稳定，对方也会更倾向于心平气和地听你说话。

因此，在不想进一步激怒对方的情况下，我们应该尽可能地以平缓的语气说话，并配合适当的音量。如此一来，对方就能感觉到你很冷静，进而克制自己的怒气，与你平静地交流。

这个技巧可运用于"处理投诉"等各种场合，非常值得一学。

掌握不会激怒对方的措辞

语言这个东西着实神奇，即便表达的是同一个意思，只要换一下措辞，给人的印象就会截然不同。比如下面这几个例子：

请配合 ➡ 能否助我一臂之力

请原谅 ➡ 请您宽宏大量，大人不记小人过

我不服 ➡ 恕难接受

我在反省了 ➡ 我在做深刻的自我检讨

请告诉我 ➡ 请您明示

明白了 ➡ 我非常理解您的难处

实在没办法 ➡ 有不得已的苦衷

明明表达的是同一个意思，但前后两句话给人的感觉明显不同。前者就是很普通的措辞，后者却能给人以有礼有节、成熟得体的印象。

换句话说，用这种成熟得体的措辞说话，就会让对方觉得这是个通情达理之人，在对话时不容易激起愤怒、焦虑、不满等负面情绪。

由此可见，生气的程度在很大程度上取决于对方的措辞。

道歉的 4 个技巧

近年来，我们经常会在媒体上看到企业家、名人明星召开发布会，向公众道歉。

不过道歉并不是随随便便上台鞠个躬就行。如果你的道歉方式能给人留下好印象，那就能平息大众的怨气，改变舆论方向。可要是没能表现出诚意，就有可能进一步激化公众的愤怒和不满。由此可见，道歉的方法也是很有讲究的。

为了不激化对方的愤怒，请大家牢记以下 4 个技巧。

1. 明确陈述歉意

首先要明确陈述歉意，言辞和态度要尽可能真诚。痛快地承认自己犯下的错误，深鞠一躬。有些人就喜欢东拉西扯，各种诡辩，却不明确道歉。这会让对方认为他根本就没有要道歉的意思，引发反感。

2. 不要给对方留下"逃避责任"的印象

"其实这不是我的错。""我不想为此承担不属于我应该承担的责任。"……这种不确定的心情会隐约体现在你的措辞、面部表情和态度上。于是对方就会认为你在逃避责任，在给自己找借口，严重影响你在他心目中的印象。因此，请大家务必甩掉疑虑，坚定道歉的决心，以免被对方打上"逃避责任"的标签。

道歉时确实需要充分说明事情为什么会发展成这样，但说明时的措辞也要细细斟酌，不要给人留下推卸责任、找借口的印象。

3. 仔细聆听

接受你道歉的人肯定也有很多话要说，一定要全神贯注，仔细聆听，尽量别插嘴。在对方希望你共情的时候表现出共情，在对方希望你道歉的时候看准机会道歉。通常情况下，对方的怒气便会在此过程中逐渐平息。总之，要尽可能地为对方创造发泄的机会。

4. 光道歉还不够，需要给出解决方案

在很多情况下，光道歉是不够的。如果对方有一定程度的损失，你还需要给出具体的解决方案，并告知你将采取什么措施来确保今后不再犯同样的错误。关键在于揣摩对方想要什么，提前演练，准备相应的方案。

这些技巧听起来都很"基础"，但问题往往就出在基本功上。

希望大家都能切实执行，让对方在你道歉的过程中真切感受到你的诚意。这不仅会让对方原谅你，还有助于建立更牢固的关系。

结语

会生气的人才能"笑傲江湖"

愤怒好似一把双刃剑，一不小心，便是两败俱伤。

会使用双刃剑的人，即善于处理愤怒情绪的人，都深谙"拔剑"这一行为的严重性，他们不会轻易为之。但是在必要的情况下，他们也能以行云流水之势拔剑出鞘，只在最小范围内挥舞一番，漂漂亮亮地解决问题。

人们常说，"能者从不随便发火""顶尖之人发起怒来也能打动人心"。这类人好似一流剑客，知道如何在关键时刻优雅舞剑，而不至于伤到他人与自己。

正因如此，我们才要勤加练习，以便用好这把双刃剑。怎样才能在不拔剑的情况下控制住自己？在什么时候拔剑才是正确的？怎样舞剑才不至于伤害自己与对方，还能顺利解决问题？——这些都需要在日常生活中通过经验归纳总结。要想提升剑术，每天的勤学苦练必不可少。

我相信通过不懈的修行，大家定能逐渐掌控愤怒之剑，完美掌握愤怒管理的技巧，只在必要的时候生气、发怒。

　　最后，我衷心希望大家都能巧妙管控自身的愤怒，妥善应对他人的愤怒，时不时地释放一下心中的怒气，用最恰当的方式批评、指正他人，做"愤怒"的主人！